中国区域环境保护丛书
北京环境保护丛书

北京环境规划

《北京环境保护丛书》编委会　编著

中国环境出版集团·北京

图书在版编目（CIP）数据

北京环境规划/《北京环境保护丛书》编委会编著. —北京：中国环境出版集团，2018.8
（北京环境保护丛书）
ISBN 978-7-5111-3641-1

Ⅰ. ①北… Ⅱ. ①北… Ⅲ. ①环境规划—概况—北京 Ⅳ. ①X321.21

中国版本图书馆 CIP 数据核字（2018）第 089122 号

出 版 人 武德凯
责任编辑 周 煜
责任校对 任 丽
封面设计 彭 杉

出版发行 中国环境出版集团
（100062 北京市东城区广渠门内大街 16 号）
网 址：http://www.cesp.com.cn
电子邮箱：bjgl@cesp.com.cn
联系电话：010-67112765（编辑管理部）
010-67138929（环境科学分社）
发行热线：010-67125803，010-67113405（传真）
印 刷 北京中科印刷有限公司
经 销 各地新华书店
版 次 2018 年 8 月第 1 版
印 次 2018 年 8 月第 1 次印刷
开 本 787×960 1/16
印 张 14.5
字 数 260 千字
定 价 48.00 元

《北京环境保护丛书》

《北京环境规划》

主　　编　姚　辉

副 主 编　（按姓氏笔画排序）

王军玲　宋　强　张　峰　姜　林

梁延周　潘　涛

特邀副主编　顾家橙

执行编辑　宋英伟

序言

《北京环境保护丛书》是按照环境保护部部署、经主管市领导同意由北京市环境保护局组织编纂的。丛书分为《北京环境管理》《北京环境规划》《北京环境监测与科研》《北京大气污染防治》《北京环境污染防治》《北京生态环境保护》《北京奥运环境保护》等七个分册。丛书回顾、整理和记录了北京市环境保护事业40多年的发展历程，从不同侧面比较全面地反映了北京市环境规划和管理、污染防治、生态环境保护、环境监测和科研的发展历程、重大举措和所取得的成就，以及环境质量变化、奥运环境保护等工作。丛书是除首轮环境保护专业志《北京志·市政卷·环境保护志》(1973—1990年)以外，北京市环境保护领域最为综合的史料性书籍。丛书同时具有一定知识性、学术性价值。期望这套丛书能帮助读者更加全面系统地认识和了解北京市环境保护进程，并为今后工作提供参考。

借此《北京环境保护丛书》陆续编成付梓之际，希望北京市广大环境保护工作者，学史用史、以史资政、继承发展、改革创新，自觉贯彻践行五大发展新理念，努力工作补齐生态环境突出"短板"，为北京市生态文明建设、率先全面建成小康社会，作出应有的贡献。

参编《北京环境保护丛书》的处室、单位和人员，克服困难，广泛查阅资料，虚心请教退休老同志，反复核实校正。很多同志利用业余时间，挑灯夜战、不辞辛苦。参编人员认真负责，较好地完成了文稿撰写、修改、审校任务。这套丛书也为编纂第二轮专业志《北京志·环境保护志》打下良好的基础。在此，向付出辛勤劳动的各位参编人员，一并表示感谢。

我们力求完整系统收集资料、准确记述北京市环境保护领域的重大政策、事件、进展，但是由于历史跨度大，本丛书中难免有遗漏和不足之处，敬请读者不吝指正。

北京市人民政府副秘书长　陈　添

北京市环境保护局党组书记、局长　方　力

2018年2月

目录

附 录 205

后 记 223

第一章　北京市情与环境保护规划

第一节　北京自然环境

一、北京建置与地理位置

北京之建置，周初始趋明朗，演变至今，已历三千余年。其间，或因朝代更替，或因时势变幻，沿革纷繁，错综复杂，诸如名称更改、郡县置废、级别升降、治所迁移、隶属变化、边界调整等，代有发生，不绝于史。

夏，地属冀州。商、周，地属幽州。周武王克商，封黄帝（一说帝尧）之后于蓟，继封召公奭于燕，今北京地区始为蓟、燕二诸侯国之地。后蓟微燕盛，燕并蓟。其间，今北京之前身蓟城先后为蓟、燕二封国之都。秦统一六国后，为强化中央集权，废分封制，实行郡县制，将今北京地区分属广阳、上谷、渔阳三郡。

西汉实行郡县与分封王国侯国并行制。今北京地区分属上谷、渔阳二郡和燕国（后改广阳国）。汉武帝分全国为十三州刺史部，幽州为其一。但西汉之州为监察区，州刺史无固定治所。至东汉，州始为一级政区，形成州、郡、县三级行政建置。延至北朝，基本未变。其间，今北京地区主要有幽州和燕郡（国），郡（国）下领县若干。东魏时，塞外州郡县内徙，使今北京地区行政建置复杂化。

隋唐五代，行政建置主要为州、县或郡、县二级制。在少数州（郡）置总管府，如幽州。唐代初分全国为十道，后增为十五道。道的性质与职能如同西汉之十三州刺史部。幽州属河北道。唐前期有大批羁縻州县侨治幽州境内。

辽代升幽州为南京，亦称燕京，建为陪都。秦汉至隋唐间北方重镇蓟城或幽州城的名称消失，但城市政治地位开始抬升。辽代实行道、府、州、县四级行政建置。今北京地区主要是南京道和析津府，下领州县若干。析津、宛平二县依郭。

金海陵王迁都燕京，改名中都，是今北京正式建都之始，时在1153年。金代实行路、府、州、县四级行政建置。今北京地区主要为中都路和大兴府，下领州县若干。大兴、宛平依郭，直至清代不变。

元代改中都为大都，建新城，今北京始成为全国统一政权之首都，历明、清至民国前期不变。元代实行省（行省）、路、府、州、县五级行政建置。今北京地区属中书省（腹里）、大都路和大兴府，路、府下领州县若干。

明代实行布政使司（省）、府、州、县四级行政建置。今北京地区属京师（又称北直隶）、顺天府，府下领州、县，州下亦领县。

清代行政建置基本同明，分省、府（厅）、直隶州（厅）、州、县五级制。今北京地区属直隶省、顺天府、宣化府。直隶州领县，一般州不领县。清顺天府下又设东、西、南、北四路同知，亦称四路厅，非一级行政区。清末，北京城内始有警巡区的划分。

民国前期，北洋政府仍以北京为都。初，废顺天府，改置京兆特别区，又废州称县。1928年，国都南迁，南京国民政府令改北京为北平，置北平特别市。这是北京正式建市之始。北平特别市只辖城区和近郊，范围同清代城属。原京兆特别区亦废，属县改隶河北省（直隶省改名）。1930年，北平特别市降为北平市，属河北省，直至北平和平解放。北平特别市和北平市划分为若干区，为市、区二级行政建置。

1949年10月1日始，北京成为中华人民共和国首都，为全国的政治中心和文化中心。北京市为中央直辖市。后不断调整行政区划，1956—1958年，将河北省昌平、良乡、房山、大兴、通县、顺义、平谷、密云、怀柔、延庆等县划归北京市，经2010年调整和之后县改区，形成如今的北京市行政区域，下辖东城、西城、朝阳、丰台、石景山、海淀、门头沟、房山、通州、顺义、昌平、大兴、怀柔、平谷、密云、延庆等16个区，以及北京经济技术开发区（见图1-1）。

图 1-1　北京行政区划图

北京是中华人民共和国的首都，位于华北平原西北部，燕山山脉南麓，毗临渤海湾，东南与天津为邻，其余皆与河北接壤。地域范围南起北纬 39°26′，北至北纬 41°04′，西自东经 115°25′，东至东经 117°30′。全市总面积 16 410.54 km^2。

表 1-1　北京市行政区划（2015 年）　　单位：个

地区	街道办事处	建制镇	建制乡	社区居委会	村民委员会
全市	150	143	38	2 975	3 936
首都功能核心区	32			443	
东城区	17			182	
西城区	15			261	
城市功能拓展区	71	9	22	1 440	303
朝阳区	24		19	409	154
丰台区	16	2	3	308	65
石景山区	9			152	
海淀区	22	7		571	84
城市发展新区	34	71	7	765	2 188
房山区	8	14	6	133	459
通州区	4	10	1	111	475
顺义区	6	19		114	426
昌平区	8	14		220	301
大兴区	8	14		187	527

地区	街道办事处	建制镇	建制乡	社区居委会	村民委员会
生态涵养发展区	13	63	9	327	1 445
门头沟区	4	9		119	178
怀柔区	2	12	2	34	284
平谷区	2	14	2	36	273
密云区	2	17	1	92	334
延庆区	3	11	4	46	376

二、地形、地貌、地质

北京地处华北平原西北边缘，西部和北部是连绵不断的群山，东南部为平坦的冲积平原，缓缓向渤海倾斜。地貌分为西部山地、北部山地和东南平原三大块。西部山地为西山，属太行山余脉；北部山地统称军都山，属燕山山脉。山地面积和平原面积分别占全市总面积的61.9%和38.1%。平原边缘的低山丘陵区海拔为 200～500 m；西部中山区海拔1 000～1 500 m，全市最高峰是西部的东灵山，海拔 2 303 m；北部山区海拔在 500～1 000 m。山区还有一些盆地，如怀来盆地、斋堂盆地等。

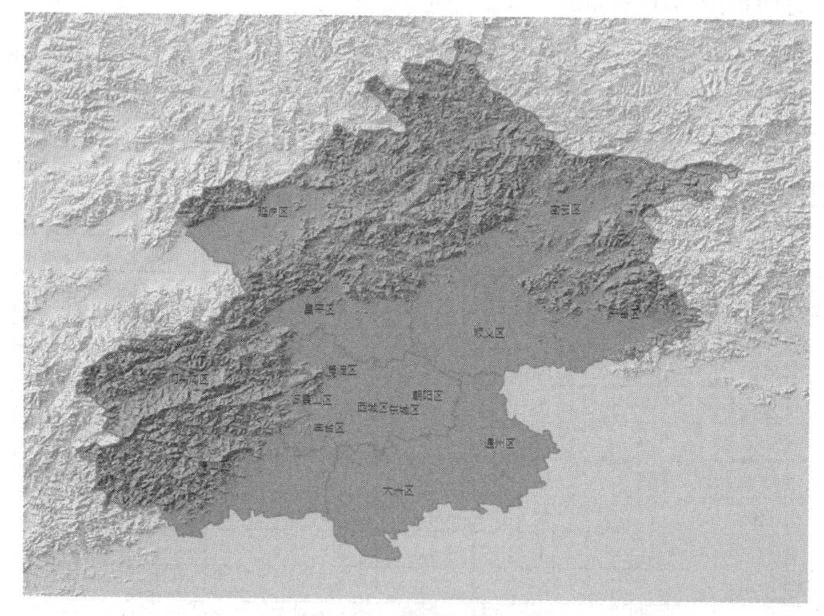

图 1-2　北京市地形图

北京的地质构造复杂，处于华北台地中部燕山沉降带的西段。在漫长的地质历史中，既经历了大幅度的沉降，也产生过剧烈的造山运动，特别是中生代以燕山运动为主的造山运动，奠定了北京地区地质构造骨架和地貌雏形。

三、气象与气候

北京地处中纬度，气候为典型的北温带半湿润大陆性季风气候，春季干旱多风、夏季高温多雨、秋季天高气爽、冬季寒冷干燥，春、秋短促。多年平均气温 12℃，1 月最低，平均气温−4℃，绝对最低气温−22.8℃（1951 年 1 月 13 日）；7 月最高，平均气温 26℃，绝对最高气温 42.6℃（1942 年 6 月 15 日）。海拔 500 m 以上的山区平均气温约 8℃，较平原地区低 3～4℃。全年无霜期 180～200 天，西部山区较短。

北京市常年平均降水量为 580 mm，一年中降水分布明显不均。夏季（6—8 月）降水量占年降水量的 76%以上，汛期时可占 80%，而春季和冬季降水仅有 10～60 mm。近年来，北京市的年降水量一直低于常年平均水平。

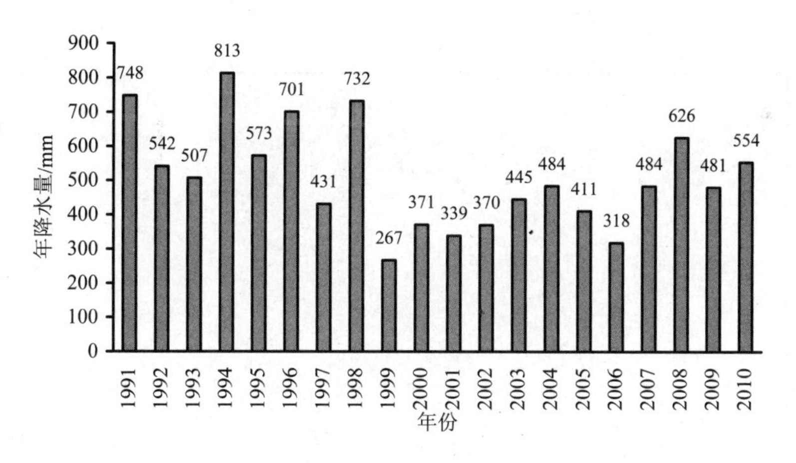

图 1-3　北京市年降水量

北京冬、春两季多风沙。冬季多偏北或西北风，夏季多偏南或东南风，春、秋两季则两种风向交替出现，但全年仍以偏北风为主。多年平均风速 2.4 m/s，月平均风速以 3 月为最大，为 3.3 m/s。

北京太阳辐射量全年平均为 112～136 kcal/cm^2。两个高值区分别分布在延庆盆地及密云区西北部至怀柔东部一带，年辐射量均在 135 kcal/cm^2 以上；低值区位于房山区的霞云岭附近，年辐射量为 112 kcal/cm^2。北京年平均日照时数在 2 000～2 800 h。最大值在延庆和密云古北口，为 2 800 h 以上，最小值分布在房山区霞云岭，为 2 063 h。春季干旱少雨，夏季正当雨季，日照时数减少，月日照在 230 h 左右；秋季日照时数虽没有春季多，但比夏季要多，月日照 230～245 h；冬季是一年中日照时数最少季节，月日照不足 200 h，一般在 170～190 h。

四、水系与水文

北京地处海河流域，分布有大小河流 100 余条，长 2 700 km，流域面积占海河流域总面积的 7.2%。主要水系由西向东依次为大清河水系、永定河水系、北运河水系、潮白河水系、蓟运河水系等五大水系。除北运河水系发源于本市外，其他各水系均为过境河流，多发源于河北省和山西省。这些河流总的走向是由西北向东南，最终汇入渤海。

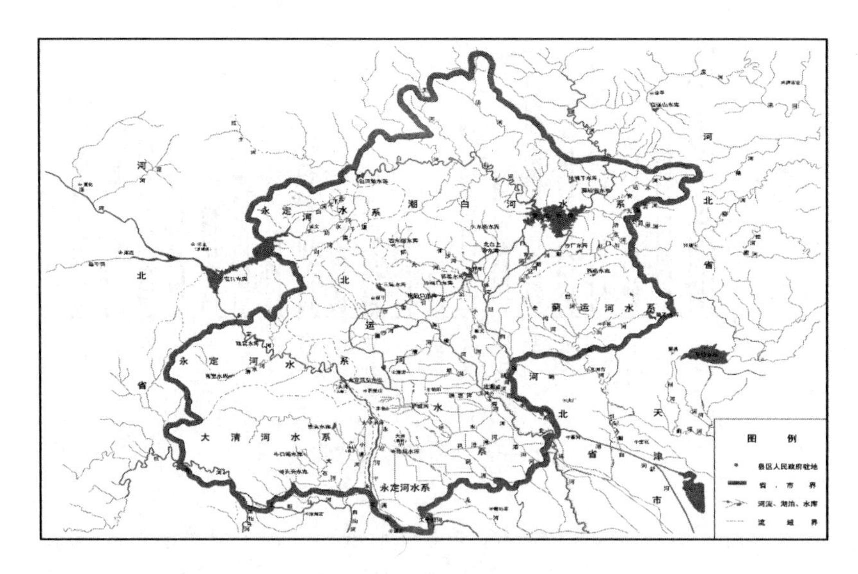

图 1-4　北京市水系示意图

北京市主要有密云、怀柔、官厅三大水库。

密云水库，是京津唐地区第一大水库，华北地区第二大水库，1960年9月竣工，位于北京市东北部、密云区中部，西南距北京城70余km，距 密云区12 km。该水库坐落在潮河、白河中游偏下，系拦蓄白河、潮河之水而成，库区跨越两河。水库最高水位水面面积达到188 km^2，最大库容量为43.75亿m^3，相应水深159.5 m，分白河、潮河、内湖三个库区。密云水库有两大支流，一条支流是白河，起源于河北省沽源县，经赤城县、延庆区、怀柔区，流入密云水库；另一条是潮河，起源于河北省丰宁县槽碾沟南山，经滦平县到古北口入北京市密云区，汇入密云水库。密云水库下游河流称为潮白河。京密引水渠是向首都输水的大型渠道。上接调节池，渠长110 km，流经5个区，终点在玉渊潭，承担京郊200万亩农田灌溉和京城供水任务。

怀柔水库，位于北京市怀柔区，1958年7月竣工，蓄水面积12 km^2，总库容1亿m^3。1990年主坝加高后，总库容1.4亿m^3。水库属潮白河支流怀河水系，在怀河上游怀九河与怀沙河交汇处。水库建成后除正常的防洪、蓄水等功能外，成为北京市重要的水源地和调蓄地，通过京密引水渠输水入京，也是南水北调的节点工程。

官厅水库，位于河北省张家口市怀来县和北京市延庆区界内，1954年5月竣工，是新中国成立后建设的第一座大型水库，设计总库容41.6亿 m^3。主要水流为河北怀来永定河。官厅水库曾经是北京主要供水水源地之一。20世纪80年代后期，库区水受到严重污染，90年代水质继续恶化，1997年水库被迫退出城市生活饮用水水源。

北京市的湖泊主要有昆明湖、什刹海、北海、中海、南海、莲花池、圆明园福海等，大多为历代皇家御用园林，多与泉流相连，风景优美，是北京城市河湖水系的重要组成部分。

五、土壤与植被

北京地区属暖温带半湿润地区的褐土地带，受海拔、地貌、成土母质差异和地下水位高低等因素影响，形成了多种多样的土壤类型。全市土壤随海拔由高到低表现为明显的垂直分布规律。由于不同地区成土母质因素的差异，土壤亚类型有明显的地域分布特征。

北京地区植被类型为落叶阔叶林，兼有温带针叶林。受地形影响和长期人类活动干扰，现主要发育有五种类型植被，即针叶林、落叶阔叶林、落叶阔叶灌丛、灌草丛和草甸。山区植被垂直分布明显，森林群落主要分布在海拔 400 m 以上的阴坡。平原地区多为农田林网和四旁植树以及农作物等，自然植被仅在少量地方存在，如沙地、河岸和洼地有一些野生沙生植物和沼生植被生长。

第二节　北京市的经济社会概况

一、人口

多年以来北京市的人口数一直呈持续增长态势。根据统计资料，新中国成立初期，北京市常住人口约为 200 万人，2015 年达 2 170.5 万人，常住人口密度达到 1 323 人/km^2。

2015 年北京市各区和主体功能区的人口分布情况见表 1-2。

表 1-2　2015 年北京市常住人口分布情况　　单位：万人

地区	常住人口	外来人口	城镇人口	乡村人口
全市	2 170.5	822.6	1 877.7	292.8
首都功能核心区	220.3	51.7	220.3	
东城区	90.5	20.7	90.5	
西城区	129.8	31.0	129.8	

地区	常住人口	外来人口	城镇人口	乡村人口
城市功能拓展区	1 062.5	437.4	1 051.1	11.4
朝阳区	395.5	184.0	393.4	2.1
丰台区	232.4	83.8	231.0	1.4
石景山区	65.2	21.0	65.2	
海淀区	369.4	148.6	361.5	7.9
城市发展新区	696.9	302.2	488.1	208.8
房山区	104.6	27.4	74.0	30.6
通州区	137.8	55.9	88.2	49.6
顺义区	102.0	40.2	55.4	46.6
昌平区	196.3	102.6	159.6	36.7
大兴区	156.2	76.1	110.9	45.3
生态涵养发展区	190.8	31.3	118.2	72.6
门头沟区	30.8	4.8	26.7	4.1
怀柔区	38.4	10.5	25.5	12.9
平谷区	42.3	5.3	23.3	19.0
密云区	47.9	7.1	26.6	21.3
延庆区	31.4	3.6	16.1	15.3

2000 年以来北京市人口年际变化情况，见表 1-3。

表 1-3　2000—2015 年北京市人口变化情况　　单位：万人

年份	人口分类				常住人口自然增长率/‰
	常住人口	外来人口	城镇人口	乡村人口	
2000	1 363.6	256.1	1 057.4	306.2	0.90
2001	1 385.1	262.8	1 081.2	303.9	0.80
2002	1 423.2	286.9	1 118.0	305.2	0.87
2003	1 456.4	307.6	1 151.3	305.1	−0.09
2004	1 492.7	329.8	1 187.2	305.5	0.74
2005	1538.0	357.3	1 286.1	251.9	1.09
2006	1 601.0	403.4	1 350.2	250.8	1.28
2007	1 676.0	462.7	1 416.2	259.8	3.33
2008	1 771.0	541.1	1 503.6	267.4	3.30
2009	1 860.0	614.2	1 581.1	278.9	3.33

年份	人口分类				常住人口自然增长率/‰
	常住人口	外来人口	城镇人口	乡村人口	
2010	1 961.9	704.7	1 686.4	275.5	2.98
2011	2 018.6	742.2	1 740.7	277.9	4.02
2012	2 069.3	773.8	1 783.7	285.6	4.74
2013	2 114.8	802.7	1 825.1	289.7	4.41
2014	2 151.6	818.7	1 859.0	292.6	4.83
2015	2 170.5	822.6	1 877.7	292.8	3.01

二、经济概况

2000 年以来，北京市一直保持较快的经济增长速度，2015 年北京市的地区生产总值达到 23 014.6 亿元，其中第一产业 140.2 亿元，第二产业 4 542.6 亿元；第三产业 18 331.7 亿元。2015 年，北京市人均地区生产总值达到 106 497 元/人，按照世界银行标准，已步入中等发达国家水平。

2000 年以来，北京市的地区生产总值情况见表 1-4。

表 1-4　2000—2015 年北京市地区生产总值　　单位：亿元

年份	地区生产总值	第一产业	第二产业	第三产业	人均生产总值/（元/人）
2000	3 161.7	79.3	1 033.3	2 049.1	24 127
2001	3 708.0	80.8	1 142.4	2 484.8	26 980
2002	4 315.0	82.4	1 250.0	2 982.6	30 730
2003	5 007.2	84.1	1 487.2	3 435.9	34 777
2004	6 033.2	87.4	1 853.6	4 092.2	40 916
2005	6 969.5	88.7	2 026.5	4 854.3	45 993
2006	8 117.8	88.8	2 191.4	5 837.6	51 722
2007	9 846.8	101.3	2 509.4	7 236.1	60 096
2008	11 115.0	112.8	2 626.4	8 375.8	64 491
2009	12 153.0	118.3	2 855.5	9 179.2	66 940
2010	14 113.6	124.4	3 388.4	10 600.8	73 856

年份	地区生产总值	第一产业	第二产业	第三产业	人均生产总值/（元/人）
2011	16 251.9	136.3	3 752.5	12 363.1	81 658
2012	17 879.4	150.2	4 059.3	13 669.9	87 475
2013	19 800.8	159.6	4 292.6	15 348.6	94 648
2014	21 330.8	159.0	4 544.8	16 627.0	99 995
2015	23 014.6	140.2	4 542.6	18 331.7	106 497

2000 年以来，北京市的产业结构一直以第三产业占主导地位，产业结构比例见表 1-5。

表 1-5　2001—2015 年北京市产业结构比例　　单位：%

年份	第一产业	第二产业	第三产业
2001	2.2	30.8	67.0
2002	1.9	29.0	69.1
2003	1.7	29.7	68.6
2004	1.4	30.8	67.8
2005	1.3	29.1	69.6
2006	1.1	27.0	71.9
2007	1.0	25.5	73.5
2008	1.0	23.6	75.4
2009	1.0	23.5	75.5
2010	0.9	24.0	75.1
2011	0.8	23.1	76.1
2012	0.8	22.7	76.5
2013	0.8	22.3	76.9
2014	0.75	21.3	77.9
2015	0.61	19.2	79.7

三、2015 年资源和环境

土地供应：2015 年全年全市国有建设用地供应总量 2 300 hm^2。其中，住宅用地 877 hm^2（其中保障性安居工程用地 495 hm^2），工矿仓储用地 122 hm^2，商服用地 202 hm^2，基础设施等其他用地 1 099 hm^2。

水资源：2015 年全年水资源总量 29.29 亿 m^3，比上年增加 44.64%。年末大中型水库蓄水总量 16.16 亿 m^3，比上年年末少蓄水 2.23 亿 m^3。全市平原地区年末地下水平均埋深由上年年末的 25.66 m 降为 25.76 m。全年总用水量 38.2 亿 m^3，比上年增加 1.89%。其中，生活用水 17.47 亿 m^3，增长 2.90%；生态环境补水 10.43 亿 m^3，增长 43.86%；工业用水 3.85 亿 m^3，下降 24.37%；农业用水 6.45 亿 m^3，下降 21.08%。全市单位地区生产总值水耗为 16.63 m^3/万元，比上年下降 4.67%。“十二五”时期，单位地区生产总值水耗累计下降 24.54%。

能源：“十二五”前 4 年，全市单位地区生产总值能耗累计下降 20.15%，提前 1 年达到《北京市国民经济和社会发展第十二个五年规划纲要》中单位地区生产总值能耗比“十一五”期末下降 17%的目标。

环境：2015 年全市城镇污水处理率为 87.0%，其中城六区污水处理率达到 97.5%，分别比上年提高 0.9 个百分点和 0.5 个百分点，分别比 2010 年提高 6.0 个百分点和 2.5 个百分点。全市生活垃圾无害化处理率（根据垃圾清运量计算）为 99.8%，比上年提高 0.2 个百分点，比 2010 年提高 2.9 个百分点。全市细颗粒物（$PM_{2.5}$）和可吸入颗粒物（PM_{10}）年均浓度值分别为 80.6 μg/m^3 和 101.5 μg/m^3，分别比上年下降 6.2%和 12.3%。二氧化氮和二氧化硫年均浓度值分别为 50 μg/m^3 和 13.5 μg/m^3，分别比上年下降 11.8%和 38.1%。

2015 年全年完成人工造林面积 8 252 hm^2，比上年减少 64.0%。全市林木绿化率达到 59.0%，比上年提高 0.6 个百分点，比 2010 年提高 6 个百分点。森林覆盖率达到 41.6%，比上年提高 0.6 个百分点，比 2010 年提高 4.6 个百分点。城市绿化覆盖率达到 48.0%，比上年提高 0.6 个百分点，比 2010 年提高 3 个百分点。

四、第一次北京市地理国情普查主要情况

地理国情主要是指地表自然和人文地理要素的空间分布、特征及其相互关系，是基本国情的重要组成部分，主要包括地理区域、地形地貌、道路交通、江河湖泊、土地利用与地表覆盖、城乡布局、生态环境状况等基本情况。

地理国情普查是一项重大的国情国力调查，是全面获取地理国情信

息的重要手段，是掌握地表自然、生态以及人类活动基本情况的基础性工作。权威、客观、准确的地理国情信息是制定国家和区域发展战略与规划、优化国土空间开发格局和各类资源配置的重要依据，是推进生态环境保护、建设资源节约型和环境友好型社会的重要支撑，是做好防灾减灾工作和应急服务的重要保障，是综合掌握国情国力和相关行业开展调查统计的重要基础。

按照国务院统一部署，在市委、市政府的领导下，市普查领导小组严格按照国务院普查办的要求，以 2015 年 6 月 30 日为标准时点，经过 3 年的不懈努力，投入 1 000 余名普查人员，对全市 1.64 万 km^2 范围内的地表自然和人文地理要素以及重要地理国情要素进行普查。在叠加了各委办局专题数据的基础上，采用高分辨率航空航天遥感影像，形成了全覆盖、无缝隙、高精度的地理国情数据，建成了数据量达 5 TB 的数据库，首次摸清了本市地理国情“家底”。

各类地形地貌的面积和空间分布。全市海拔均在 2 500 m 以下，海拔 500 m 以下的区域面积 1.08 万 km^2，占市域总面积的 66.0%；海拔在 500～1 500 m 的区域面积 0.55 万 km^2，占市域总面积的 33.5%；海拔在 1 500～2 500 m 的区域面积 0.01 万 km^2，占市域总面积的 0.5%。此外，还查清了种植土地、林草覆盖、水域、裸露地等地表自然的面积及空间分布。

道路交通。查清了铁路与道路的面积、长度、构成及空间分布。铁路与道路面积为 553.81 km^2、占市域总面积的 3.37%。乡级以上公路总长度为 15 690.03 km，硬化通车的乡村道路长度为 13 109.40 km。铁路路网总长度为 1 204.47 km。

房屋。这次普查还查清了全市房屋建筑区的面积和空间分布，全市房屋建筑区占地面积为 1 466.09 km^2，占市域总面积的 8.93%。中心城区 396.66 km^2，中心城区之外 1 069.43 km^2。房屋建筑区不等同于单纯的房屋建筑，如果一个小区内的绿地达不到单独采集的标准，就会和房屋建筑一起，算在一个房屋建筑区的面积内。从数据可以看出，房屋建筑区主要集中在六环以内，二环内超过一半的面积是房屋建筑区，三环内也是接近一半都是房屋建筑区，六环外只占不到 6%。

第三节　北京环境保护规划编制

一、北京环境保护规划编制依据

北京市开展环境保护工作以来，环境保护规划经历了从无到有、从单纯污染源治理和控制到城市环境综合整治与生态建设的过程，逐步形成了从编制到实施的环境保护规划体系、方法和程序。编制北京市环境保护规划的主要依据是国家环境保护法规、国民经济和社会发展五年规划纲要、北京城市总体规划、北京国民经济和社会发展五年规划纲要的有关精神及目标、任务要求。回顾、了解上级规划，有助于认识北京市环境保护规划编制的背景。

1973 年召开的第一次全国环境保护会议，确立了我国的环境保护方针，即“全面规划、合理布局、综合利用、化害为利、依靠群众、大家动手、保护环境、造福人民”，突出强调了全面规划，体现了对规划工作的高度重视。

1975 年 5 月，国务院环境保护领导小组编制我国第一个环境保护 10 年规划（1976—1985 年），提出的总体目标是：“五年内控制、十年内基本解决环境污染问题。”由于对环境保护规划的内涵、意义、方法以及实施与管理缺乏充分认识，环境保护规划基本属于污染治理型规划。

1982 年，市人大通过了《北京城市建设总体规划方案》，并上报国务院。1983 年 7 月 14 日，中共中央、国务院对《北京城市建设总体规划方案》作出重要批复，对城市性质、城市规模、经济发展、历史名城保护、基础设施建设和环境建设都提出了具体要求，要求把北京建设成为清洁、优美、生态健全的文明城市。

“七五”时期，全国广泛开展环境调查、环境评价和环境预测等工作，为编制环境保护规划奠定了基础。1989 年颁布的《中华人民共和国环境保护法》，确立了环境保护规划的法律地位。其中，第四条规定：“国家制定的环境保护规划必须纳入国民经济和社会发展计划，国家采取有利于环境保护的经济、技术政策和措施，使环境保护工作同经济建设和社会发展相协调”；第十二条规定：“县级以上人民政府环境保护行政主管部门，应当会同有关部门对管辖范围内的环境状况进行调查和评价，拟订环境保护规划，经计划部门综合平衡后，报同级人民政府批准实施。”从而提高了环境保护规划的严肃性，保证了环境保护规划的实施。这一时期，环境保护规划开始作为独立文件予以颁布实施，环境保护规划突出城市环境综合整治和工业污染防治，关注经济开发区、城市群和乡镇企业出现的一系列新的环境问题，注重环境管理的重要作用。

1992年，联合国环境与发展大会提出了可持续发展理念，实施可持续发展战略成为编制环境保护规划的指导思想，污染控制开始由末端治理向优化产业结构、合理布局、发展清洁生产和污染治理等全过程控制转变。

1993年，国家环境保护局要求各城市编制城市环境综合规划，并组织制定了《环境规划指南》，环境保护指标首次纳入国民经济和社会发展规划，环境保护规划由以往的“污染治理型”规划向“综合防治型”规划转变。同时，国务院对新修编的《北京城市总体规划（1991—2010年）》作出批复，进一步明确了北京的城市性质，要求严格控制人口和用地规模，积极调整产业结构和布局，加快城市基础设施建设，切实保护和改善首都地区的生态环境，将北京建成经济繁荣、社会安定和各项公共服务设施、基础设施及生态环境达到世界第一流水平的历史文化名城和现代化国际城市。国务院重申：北京不要再发展重工业，特别是不能再发展那些耗能多、用水多、占地多、运输量大、污染扰民的工业。

1996年，国务院召开了第四次全国环境保护会议，发布了《关于加强环境保护若干问题的决定》，批准了由国家环境保护局、国家计委、国家经贸委联合发布的《国家环境保护“九五”计划和2010年远景目标》，环境保护规划开始进入国家的规划体系。这一时期，“三河三湖”、三峡库区等重点流域和酸雨控制区、二氧化硫控制区等重点区域的污染防治规划相继出台，各省区市普遍开展了环境保护规划编制工作，国家级规划、省（自治区、直辖市）级规划、市县级规划和总体规划、区域规划、专项规划体系已具雏形。

2005年1月，国务院对《北京城市总体规划（2004—2020年）》作出批复，要求加强污染防治和环境保护工作，建设节约型社会，实现可持续发展，坚持以人为本，建设宜居城市，确保 2008 年夏季奥运会成功举办，并为奥运会后北京经济社会发展奠定基础。要求强化首都职能，突出首都特色，不断增强城市的综合辐射带动能力，努力将北京建设成为经济繁荣、文化发达、社会和谐、生态良好的现代化国际城市。

2006 年制定发布的《中华人民共和国国民经济和社会发展第十一个五年规划纲要》，明确以科学发展观统领经济社会发展全局，加快转变经济增长方式，把节约资源作为基本国策，发展循环经济，保护生态环境，加快建设资源节约型、环境友好型社会，促进经济发展与人口、资源、环境相协调。同时，将单位国内生产总值能耗、单位工业增加值用水量、主要污染物（化学需氧量和二氧化硫）排放总量等作为约束性指标，工业固体废物综合利用率作为预期性指标，列为经济社会发展的主要指标，强化了政府责任。

根据《中华人民共和国国民经济和社会发展第十一个五年规划纲要》和《国务院关于落实科学发展观加强环境保护的决定》，国家环保总局和国家发展改革委共同编制了《国家环境保护“十一五”规划》（以下简称《规划》）。《规划》分析了我国的环境保护形势，明确了指导思想、基本原则和规划目标，重点领域和主要任务，重点工程和投资重点，保障措施以及实施与考核。2007 年 11 月，国务院以国发〔2007〕37 号文件印发《国家环境保护“十一五”规划》，要求各地区、各部门认真贯彻执行。要求各地围绕实现《规划》确定的主要污染物排放总量控制目标，把防治污染作为重中之重，加快结构调整，加大污染治理力度，确保到 2010 年二氧化硫、化学需氧量比 2005 年削减 10%。地方各级人民政府要把环境保护目标、任务、措施和重点工程项目纳入本地区经济和社会发展规划，做到责任到位、措施到位、投资到位、监管到位。国务院有关部门要根据各自的职能分工，切实加强对《规划》实施的指导和支持。“十一五”时期，环境保护规划已成为国家发展规划体系的重要组成部分，并由国家主管部门发布上升为国务院发布。

2011 年 3 月，《中华人民共和国国民经济和社会发展第十二个五年规划纲要》（以下简称《纲要》）发布。《纲要》明确：坚持把建设资源节约型、环境友好型社会作为加快转变经济发展方式的重要着力点。深入贯彻节约资源和保护环境基本国策，节约能源，降低温室气体排放强度，发展循环经济，推广低碳技术，积极应对全球气候变化，促进经济社会发展与人口资源环境相协调，走可持续发展之路。《纲要》专门列了“绿色发展　建设资源节约型、环境友好型社会”一篇，指出：必须增强危机意识，树立绿色、低碳发展理念，以节能减排为重点，健全激励与约束机制，加快构建资源节约、环境友好的生产方式和消费模式，增强可持续发展能力，提高生态文明水平。同时，专门列了“加大环境保护力度”和“促进生态保护和修复”两章，以及“环境治理重点工程”和“生态保护和修复重点工程”，在主要污染物排放总量约束性指标中，除“化学需氧量”和“二氧化硫”外，还增加了“氨氮”和“氮氧化物”两项指标。

2011 年 12 月 15 日，国务院国发〔2011〕42 号文件印发了《国家环境保护“十二五”规划》。规划分析了环境保护形势，明确了指导思想、基本原则和主要目标，从推进污染减排、切实解决突出环境问题、加强重点领域环境风险防控、完善环境保护基本公共服务体系、实施重大环保工程、完善政策措施、加强组织领导和评估考核等方面提出了具体措施与要求。《国家环境保护　“十二五”规划》主要指标见表 1-6。这一时期，国家环境保护科技发展规划、国家环境保护标准规划等一批专项规划相继出台，使规划体系更加完备。

表 1-6　《国家环境保护“十二五”规划》主要指标

序号	指　标	2010 年	2015 年	2015 年比 2010 年增长
1	化学需氧量排放总量/万 t	2 551.7	2 347.6	−8%
2	氨氮排放总量/万 t	264.4	238.0	−10%
3	二氧化硫排放总量/万 t	2 267.8	2 086.4	−8%
4	氮氧化物排放总量/万 t	2 273.6	2 046.2	−10%
5	地表水国控断面劣Ⅴ类水质的比例/%	17.7	＜15	−2.7 个百分点
	七大水系国控断面水质好于Ⅲ类的比例/%	55	＞60	5 个百分点
6	地级以上城市空气质量达到二级标准以上的比例/%	72	≥80	8 个百分点

二、北京市环境保护规划科学研究

20世纪70年代，北京市开始编制中长期环境保护规划，编制方法和年限都不太规范，由于缺乏科学预测方法，基本采用估计和定性分析。为了了解环境污染状况及发展趋势，使中长期环境保护规划更加符合实际，80年代初，国家、市政府和环保部门安排了大量的综合性环境预测分析研究。北京市环境保护局（以下简称市环保局）还抽调北京市环境保护研究所（以下简称市环保所）研究人员，配合编制中长期环境规划，持续地开展环境规划研究工作，为科学规划奠定了基础。

1983年，北京市委研究室会同中央在京有关单位，组织有关部门开展北京城市基础设施建设与管理专题调查研究。市环保局、市环保所、市环保监测中心参加了“城市基础设施与环境保护”子课题的研究。该课题首次在规划中引进了城市生态系统的概念。采用市环保所建立的“北京城市用水系统的资源—环境投入产出模型”，用系统动力学方法建立的“北京城市生态系统仿真模型”，对1990年、2000年北京环境质量进行了综合性预测。

1983—1985年，市环保所、北京师范大学、清华大学、北京工业大学、市环保监测中心等单位完成了全国最早的城市生态系统研究——“北京城市生态系统特征与环境规划研究”。该课题研究了市区750 km^2范围内，人口、经济（工业）、资源（水资源、能源、土地利用）和环境（污染、绿化）、人群健康等之间的相互关系，探索城市环境问题产生与发展的规律，以及城市发展与环境之间的基本矛盾及其解决的途径，从战略高度研究城市发展与环境以及有关政策、决策的关系。该项研究采用人类生态学观点和理论，剖析城市环境问题，提出：解决城市环境问题必须改变传统的发展与环境价值观，从高层次探索协调人与自然、经济与环境关系的各种途径。同时指出：北京城市生态系统是一个增长型的、较为脆弱的和稳定性较差的系统，城市发展与环境之间的矛盾基本表现为经济发展与首都功能、经济目标与环境目标、环境目标与整治环境费用之间的矛盾。研究提出了相应的规划方案、环境规划的理论依据、指导思想和一系列具体方法、手段。

1985年，市环保所完成了“北京城市生态系统特点与环境规划研究”，运用已开发的预测方法，对实现北京市环境目标进行了宏观性规划研究，提出了环境治理和改善大气环境质量的优化方案及环境规划的原则意见，为编制 1990 年和 2000 年大气质量规划方案提出了建议。

1985—1987 年，市环保局组织有关单位完成了“北京城乡生态环境现状评价及 1990、2000 年预测和对策研究”，对北京的城市和农村（包括平原和山区）的环境质量目标和农村生态环境保护的规划目标进行了宏观分析，提出了规划目标和战略对策的建议。

1988—1990 年，市环保所组织完成了“2000 年北京市环境保护规划研究”，市环保局在此基础上编制了“2000 年北京市环境保护规划”。

1992—1996 年，北京市在世界银行资助下，开展了“北京环境总体规划研究”，以更科学的规划方法构建污染防治型规划。该项研究由市环保局主持，有关委办局参与，市环保所牵头，有关科研机构参与，聘请美国帕森斯-科程环保公司担任技术顾问。“北京环境总体规划研究”以国务院批准的《北京城市总体规划（1991—2010 年）》为依据，结合北京经济社会发展趋势，研究了改善大气环境、水环境质量和固体废物管理的各种对策，并在技术、经济、法律和体制可行性分析的基础上，提出了北京市水质管理规划、大气质量管理规划、工业固体废物和城市垃圾管理规划，以及有关的环境政策、法规、标准和机构规划。该项研究提出的环保目标和对策、措施，纳入《北京市国民经济和社会发展“九五”计划和 2010 年远景目标纲要》中，也为 1998 年后制定实施大气污染控制阶段性措施提供了决策参考和支撑，“环境总体规划研究”无论是广度还是深度均超过以往的环境保护规划。

北京市在环境总体规划研究方面虽然启动较早，取得了一定的成果，基本能与国际先进水平接轨。但受思想认识局限，国内还没有提出“环境总体规划文本”的概念，因此，环境总体规划研究未转化为具体的规划措施，也没有形成规划文本予以独立发布。

三、北京环境保护规划编制历程

北京市环境保护机构成立以后，根据国家和市政府要求，开始编制环境保护中长期规划和年度计划，加强规划管理。20 世纪 70 年代，北京市“三废”管理部门与有关部门配合，拟订了“《五五”环境保护规划》和《北京市1976—1985年环境保护规划》，提出“三年控制污染，五年基本消除污染，十年建成清洁的城市”的规划目标，由于目标过高，不切实际，投资不到位，执行情况与现实存在较大差距。

20世纪80年代，在市委、市政府统一部署下，北京市委研究室组织有关部门开展了“北京城市基础设施建设与管理专题研究”，市环保局先后开展了“北京城乡生态系统特点与环境规划研究”“北京城乡生态环境现状评价及1990、2000年预测和对策研究”“2000年北京市环境保护规划研究”等课题的研究。在编制“六五”和“七五”环境保护规划时，运用这些调研、科研成果，使环境保护规划由以往的时间规划扩展到空间规划，由定性分析发展到定量分析，由单项预测发展到多种方案预测，为科学编制环境保护规划奠定了基础。特别是“七五”时期，规划范围由市区扩大到全市，由城市生态扩展到农村生态环境，使环境保护规划更加符合实际，对环境保护工作更具指导意义。《中华人民共和国环境保护法》的颁布，明确了环境保护规划的法律地位，从而保证了规划的实施。

1991年，市计委发出通知，将北京市环境保护计划纳入北京市国民经济和社会发展计划。同时，要求各区县政府和有关局、总公司结合本地区、本部门情况，认真做好规划和计划的编制工作，对环境污染造成的经济损失及污染控制费用进行分析估算。“八五”时期，北京市运用“北京环境总体规划研究”成果，以国务院批准的《北京城市总体规划（1991—2010年）》为依据，结合北京经济社会的发展趋势，编制了“八五”环境保护规划，提出了目标和对策措施。

“九五”期间，北京市将可持续发展战略确定为基本发展战略，环境保护工作成为实施可持续发展战略的重要内容。1998年北京市被确定为全国污染防治的重点城市以后，市政府组织市环保局等有关部门制定了《北京市环境污染防治目标和对策（1998—2002年）》和《北京市“十五”时期环境保护规划》（以下简称《“十五”规划》），北京市政府与国家环境保护总局联合上报国务院。《“十五”规划》提出了“十五”期间北京市环境保护的指导思想、目标、主要任务和措施，成为“十五”时期北京市环境保护工作的指导性文件。

“十五”期间，北京市不仅年年将环境污染防治和生态保护建设纳入为群众办实事年度计划，而且在新修编的《北京城市总体规划（2004—2020 年）》中进一步充实和完善生态与环境保护等内容。这一时期，北京市的环境保护工作紧紧抓住申奥成功的契机，以改善环境质量和生态状况为根本任务，以控制污染物排放总量为基本策略，以防治大气污染为工作重点，加强综合决策和统一监督管理，提高全社会环境意识，改善城市管理，实施综合防治措施，不断提高生态建设和污染控制水平，努力建设空气清新、环境优美、生态良好的新北京，为成功举办 2008 年奥运会奠定基础。

2001 年，北京市获得第 29 届奥运会举办权，提出“绿色奥运、科技奥运、人文奥运”三大理念，并从落实科学发展观和构建和谐社会要求出发，按照“新北京、新奥运”战略构想，编制包括《生态环境建设规划》等 9 个专项规划在内的《奥运行动规划》，履行申奥承诺的各项环保措施。2005 年，国务院批准《北京城市总体规划（2004—2020 年）》，明确北京市为国家首都、国际城市、历史名城、宜居城市四个功能定位。

北京市在《国家环境保护“十一五”规划》框架下，根据《北京城市总体规划（2004—2020 年）》和《北京市国民经济和社会发展第十一个五年规划纲要》确定的目标和原则，制订了“十一五”时期环境保护和生态建设规划。该规划为北京市“十一五”规划的 12 个市级重点专项规划之一，由市政府印发。规划涵盖了大气、水、噪声、固体废物、放射性和电磁污染以及奥运保障措施等领域，对指导北京市“十一五”环境保护和生态建设工作发挥了重要作用。

2011 年 6 月 11 日，市委专题会议通过了《北京市“十二五”时期环境保护和建设规划》，由市发展改革委员会和市环保局联合发布。“十二五”环境保护规划与“十一五”环境保护规划相比，在强调水、气、声、固废、辐射、生态等环境要素污染防治和建设任务全面推进的基础上，紧密围绕污染减排和改善环境质量，落实国家有关要求，更加强调了法律手段、技术手段、经济手段，强调创新科技支持环境保护，深入开展基础性研究和关键技术示范。围绕提升公众环保意识、推进绿色信息传播和搭建公众参与平台，强调全社会参与和公众监督。

2016 年 12 月 28 日，市政府印发《北京市“十三五”时期环境保护和生态建设规划》。根据北京市“十三五”规划体系，环境保护规划是市级重点专项规划，在编制过程中，注重与国家“大气十条”、“水十条”以及正在编制中的“土十条”的衔接，加强与本市相关规划协调对接、推动环境保护规划纳入行业发展规划。“十三五”环境保护规划在规划编制思路上有所创新，例如，在大气污染治理方面，以新《大气污染防治法》《北京市大气污染防治条例》为指导，突出细颗粒物污染控制，坚持城乡污染统筹治理，以“六业（交通、能源、工业过程、城市建设和管理、农业、生活和服务）综合治理、五物（二氧化硫、氮氧化物、颗粒物、挥发性有机物、氨）协同减排”为基本路径；在规划措施要求上，以“六化”（交通运输低排放化、郊区能源清洁化、产业绿色化、城市建设管理精细化、农业生态化、生活服务低碳规范化）为基本标准；首次将“交通运输”作为一个整体行业领域进行系统规划，并根据污染源结构变化，将控制交通运输排放作为首位，替代了“十二五”规划中首要控制燃煤污染；将“四个控制”（控产业、控能源、控水资源、控建设规模）作为保护生态环境的宏观对策。

在“十三五”环境保护规划编制中，认真对接了国家《“十三五”生态环境保护规划》，协调北京市“十三五”生态环境保护目标和指标，不断调整北京市环境保护规划的任务，复核污染物减排量，以保证环境质量目标的可达性。

经过 40 多年环境保护工作的实践和发展，环境保护规划已成为北京城市发展和建设规划体系的组成部分，成为指导全市环境保护工作重要的纲领性文件。环境保护规划内容成为国民经济和社会发展规划（纲要）、城市总体规划的重要内容，单独成章。环境保护在全市宏观规划的发展历程中，从无到有，从散落在城市建设、市政管理等篇章到独立成章，从只有内容到成为编制规划原则和重要目标，从一般规划发展成为重点专项规划，从部门发布成为市政府或市发改委与环保部门联合发布，环境保护规划地位不断提高，内容越来越丰富。

第二章 城市规划与环境保护

1949年，北京市都市计划委员会成立，开始编制城市规划，并逐步形成比较完善的城市规划体系。1980年，根据中央书记处对北京城市建设方针的四项指示精神，北京市编制了改革开放后的第一版城市总体规划，1983年，由中共中央和国务院联合批复。1992年和2004年，北京市对城市总体规划又进行了两次修编，并上报国务院。国务院做出重要批复，对北京的城市性质、城市规模、功能定位、经济发展、基础设施建设、历史名城保护、环境保护与生态建设等，提出了明确、具体的要求。2017年9月13日，中共中央、国务院批复《北京城市总体规划（2016—2035年）》（以下简称《2017年总体规划》），开启了北京未来发展新蓝图，《2017年总体规划》聚焦人口过多、交通拥堵、房价高涨、大气污染等“大城市病”问题，从源头入手综合施策，提出破解难题的综合方略。

随着经济社会的发展，环境保护日益得到重视。自1981年，市政府将环境保护宏观战略目标纳入“六五”国民经济和社会发展计划，不仅列有专门章节，还提出具体要求。1983年，环境保护成为我国的基本国策，在国民经济和社会发展规划中得到充分体现，成为编制规划的指导原则和重要内容，目标更加明确，措施任务更加具体。

第一节 城市总体规划中的环境保护

一、北京城市总体规划沿革

1953年，北京市都市计划委员会编制完成了新中国首都第一个总体规划方案——《改建扩建北京市规划草案要点》(以下简称《要点》)。《要点》明确了城市建设总方针，并就中央首脑机关所在地、城市性质、城市改建与扩建、古建筑的保护、道路系统改造和水源建设等重大问题提出了六条基本原则。1954年，根据中央的意见，在《要点》基础上进行修改。这个《要点》虽不够成熟，也未经党中央批准，但是第一个五年计划期间的北京城市建设，基本上是按照《要点》进行的。

1955年，规划部门在《要点》的基础上，对北京城市建设总体规划进行全面、深入的研究与编制工作，于1957年拟定了《北京城市建设总体规划初步方案》(以下简称《初步方案》)。《初步方案》在规划指导思想、城市性质、城市规模与1953年《要点》基本一致，但内容更加丰富深化，规划设想更加具体，初步形成了比较完整的规划体系。1958年8月，根据中央的精神和形势的发展，市委决定对《初步方案》进行重大修改，提出了"分散集团式"的布局形式，缩小了市区人口规模；在工业发展上提出了控制市区、发展远郊区的原则与设想。中央书记处听取了汇报，原则上加以肯定。

"文化大革命"期间，北京规划部门被撤销，总体规划停止执行，城市建设处于混乱状态。1972年恢复了北京市规划管理局，1973年10月，提出《北京地区规划总体方案》和《北京市区总体规划方案》，但被搁置下来，未予讨论。

1978年召开的党的十一届三中全会，做出"把全党工作的着重点和全国人民的注意力转移到社会主义现代化建设上来"的重要战略决策，为落实会议精神，北京迫切需要编制新一轮城市总体规划，以适应新时期城市发展的需要。

1980年4月，中共中央书记处听取了北京城市建设问题的汇报，做出关于首都建设方针的"四项指示"，指出：北京是全国的政治中心，是我国进行国际交往的中心，要把北京建成全国、全世界社会秩序、社会治安、社会风气和道德风范最好的城市；建成全国环境最清洁、最卫生、最优美的一流城市，世界较好城市之一；建成全国科学、文化、技术最发达、教育程度最高的一流城市，世界文化最发达的城市之一；同时还要做到经济不断繁荣，人民生活方便、安定，经济建设要适合首都特点，基本不再发展重工业。1981年11月，为了加强对城市规划和总体规划编制工作的领导，市政府决定成立北京市城市规划委员会。1982 年 3 月，北京市城市规划委员会正式将《北京城市建设总体规划方案（草案）》（以下简称《1982 年总体规划》）上报市委，4 月经市委常委会讨论通过，提交市人大常委会审议。同年 7 月 21 日，经市第七届人大常委会第二十二次会议讨论，原则通过了《北京城市建设总体规划方案》，并作为指导北京城市建设发展的总依据。会后，市政府又组织相关部门对方案做了进一步修改，并于 1982 年 12 月 22 日正式上报国务院。

《1982 年总体规划》明确北京的城市性质是全国的政治中心和文化中心，强调经济发展要适应和服从城市性质的要求，重点发展能耗低、用水省、占地少、运输量少和不污染扰民的工业；严格控制城市规模，坚持“分散集团式”城市布局，发展远郊卫星城；对保留、继承和发扬文化古都风貌提出了更高的要求，提出旧城改造“要把旧城改建和郊区新建相结合”等。

1983 年 7 月 14 日，中共中央、国务院对《北京城市建设总体规划方案》作出重要批复：原则同意《北京城市建设总体规划方案》（以下简称《方案》），认为《方案》符合实际，贯彻了中共中央书记处对首都建设方针的指示精神；对城市性质、城市规模、经济发展、历史名城保护、基础设施建设和环境建设都提出了具体要求，要求把北京建设成为清洁、优美、生态健全的文明城市。与此同时，中共中央、国务院印发了《关于成立首都规划建设委员会（以下简称首规委）的决定》（以下简称《决定》）。《决定》指出：北京是我们伟大社会主义祖国的首都，是我国面对世界的窗口。为了使北京的城市建设充分体现这个特点，符合这个要求，从根本上解决北京市建设上存在的问题，必须有一个统一的规划，一套保证统一规划得以实施的法规，一个合理的建设体制，一个协调各方面关系的、具有高度权威的统一领导。《决定》明确了首规委的组成单位和主要任务，要求中央各单位都要切实服从首规委的统一领导。

1984 年 1 月 5 日，国务院颁布了《城市规划条例》。同年 10 月，中共十二届三中全会通过《关于经济体制改革的决定》，提出“加快以城市为重点的经济体制改革步伐”，标志着我国进入了深化改革、加快城市建设和社会经济发展的新时期。城市建设和社会经济的快速发展，国际交往的日益频繁，使首都北京必须承担更多功能。如何适应形势，进一步明确首都发展方向，成为当时北京城市建设亟待解决的问题。

20 世纪 90 年代初，北京面临四个突出矛盾：一是北京的人口规模在 1988 年突破了规划确定的 1 000 万人的控制目标。二是高新技术产业、第三产业和科技区、开发区的兴起，迫切需要在城市总体规划中做出相应安排。三是郊区乡镇企业、农村经济的发展，引发出一些城乡建设新矛盾。四是原有的基础设施建设规划已难以适应新形势要求，城市交通、通信、能源、水源和环境等方面，亟须探寻新的发展出路。

为了适应深化改革、扩大开放、发展社会主义市场经济新形势的需要，制定跨世纪发展的新目标及规划方案，市委、市政府决定对北京城市总体规划进行修编。

新修编的总体规划就增强城市功能、完善城市布局提出六点基本原则和要点：一是进一步明确首都政治中心和文化中心的城市性质，提出建设全方位对外开放的现代化国际城市的目标；二是提出发展适合首都特点的经济，调整产业结构和布局，大力发展高新技术和第三产业；三是提出对城市人口实行有控制有引导的发展方针，严格控制市区人口；四是调整城市功能和布局，城市发展实行“两个战略转移”的方针；五是将历史文化名城保护纳入总体规划；六是把城市基础设施现代化和环境建设放在突出位置，提出了相应的对策措施和规划方案。

1992 年 12 月，建设部受国务院委托，组织国家有关部门的领导、专家对修订后的规划进行评审。1993 年 10 月 6 日，国务院作出正式批复，同意《北京城市总体规划（1991—2010 年）》（以下简称《1992 年总体规划》）并指出：《1992 年总体规划》贯彻了 1983 年《中共中央、国务院关于对〈北京城市建设总体规划方案〉的批复》的基本思路，符合党的十四大精神和北京市的具体情况，对首都今后的建设和发展具有指导作用。同时，进一步明确了北京的城市性质，要求严格控制人口和用地规模，积极调整产业结构和布局，加快城市基础设施建设，切实保护和改善首都地区的生态环境，将北京建成经济繁荣、社会安定和各项公共服务设施、基础设施及生态环境达到世界第一流水平的历史文化名城和现代化国际城市。国务院重申：北京不要再发展重工业，特别是不能再发展那些耗能多、用水多、占地多、运输量大、污染扰民的工业。

进入 21 世纪，随着经济社会的快速发展，北京进入了新的重要发展阶段。为了适应首都现代化建设的需要，充分利用好城市发展的良好机遇和承办 2008 年夏季奥运会的带动作用，2002 年召开的中共北京市第九次党代会，提出修编北京城市总体规划。根据 2003 年国务院对“北京城市空间发展战略研究”的批示精神，以及 2004 年 1 月建设部《请尽快开展北京市城市总体规划修编工作的函》，北京市组织对城市总体规划进行修编。

这次修编立足于首都的长远发展，以贯彻落实全面、协调、可持续的科学发展观、建立健全社会主义社会市场经济体系、建设社会主义和谐社会，促进经济社会全面发展为指导思想。修编的重点是：

（1）优先关注生态环境的建设与保护，优先关注资源的节约与有效利用，打破行政区划界限，推动城市规划创新与城市建设模式的转变。

（2）充分考虑城市发展的复杂性，采取更为灵活的、适应未来发展的规划对策。本次规划着重城市宏观的、长远的规划内容，将微观的、近期的规划内容放在《城市近期建设规划》中编制，并采取滚动编制的机制，加强规划实施的动态适应性和可操作性。

（3）本次规划突出新城规划、交通与基础设施规划、生态环境保护规划和历史文化名城保护规划四个重点内容，同时对城市安全问题和京津冀区域协调发展问题进行重点研究。

在《北京城市总体规划（2004—2020 年）》（以下简称《2004 年总体规划》）的编制指导思想和原则中明确提出："贯彻落实以人为本，全面、协调、可持续的科学发展观，统筹人与自然和谐发展。""以建设资源节约型和生态保护型社会为原则。处理好经济建设、人口增长与资源利用、生态环境保护的关系，正确处理城市化快速发展与资源环境的矛盾，充分考虑资源与环境的承载能力，全面推进土地、水、能源的节约与合理利用，提高资源利用效率，实施城市公共交通优先的发展战略，形成有利于节约资源、减少污染的发展模式，实现城市可持续发展。"同时指出："生态环境承载能力是制约北京城市发展的重要因素，北京城市发展规模和空间布局的确定必须充分考虑环境与生态的现实状况和发展目标。"

这些原则和要求体现在规划的城市发展目标与策略、城市空间布局、新城发展、中心城调整优化、产业发展与布局等各个部分，而且专门设置了"生态环境建设与保护"一章，明确环境目标和污染防治要求，提出根据生态适宜性、工程地质、资源保护等方面因素，确定建设限制分区，同时对市域生态、河湖水系、河湖湿地、山区绿化、平原绿化、中心城和新城绿化、生物多样性保护、污染物排放总量、大气和水污染防治、噪声和辐射及固体废弃物污染防治等，都提出了明确具体的要求。

2005 年 1 月 12 日，国务院常务会议讨论并原则通过了《北京城市总体规划（2004—2020 年）》。1 月 27 日，国务院下发了《国务院关于北京城市总体规划的批复》（国函〔2005〕2 号）（以下简称《批复》），同意修编后的《2004 年总体规划》并作了 12 条批复。《批复》要求加强污染防治和环境保护工作，建设节约型社会，实现可持续发展，坚持以人为本，建设宜居城市，确保 2008 年夏季奥运会成功举办，并为奥运会后北京经济社会发展奠定基础。要求强化首都职能，突出首都特色，不断增强城市的综合辐射带动能力，努力将北京建设成为经济繁荣、文化发达、社会和谐、生态良好的现代化国际城市。

2014 年 2 月和 2017 年 2 月，习近平总书记两次视察北京并发表重要讲话，为新时期首都发展指明了方向。为深入贯彻落实讲话精神，紧紧扣住迈向“两个一百年”奋斗目标和中华民族伟大复兴的时代使命，围绕“建设一个什么样的首都，怎样建设首都”这一重大问题，谋划首都未来可持续发展的新蓝图，北京市启动了新版（第七版）城市总体规划编制工作。为支撑编制工作，开展了九大方面 38 项重点专题研究。本次城市总体规划编制工作坚持一切从实际出发，贯通历史现状未来，统筹人口资源环境，让历史文化和自然生态永续利用，同现代化建设交相辉映。坚持抓住疏解非首都功能这个“牛鼻子”，紧密对接京津冀协同发展战略，着眼于更广阔的空间来谋划首都的未来。坚持以资源环境承载力为刚性约束条件，确定人口上限、生态控制线、城市开发边界，实现由扩张性规划转向优化空间结构的规划。

2017 年 5 月 17 日，中共北京市委召开第十一届第十四次全体会议，研究审议总体规划送审稿，一致同意上报党中央、国务院审定。

2017 年 6 月 27 日，习近平总书记主持中央政治局常委会，专题听取了北京城市总体规划编制工作的汇报，并做出重要指示。习近平总书记强调编制好北京城市总规对疏解非首都功能、治理“大城市病”、提高城市发展水平与民生保障服务的重要性，强调北京城市总规最根本的是解决好“建设一个什么样的首都，怎样建设首都”这个重大问题；把握好“舍”和“得”的辩证关系，紧紧抓住疏解北京非首都功能这个“牛鼻子”，优化城市功能和空间结构布局；加强精细化管理，构建超大城市有效治理体系；坚决维护规划的严肃性和权威性，以钉钉子精神抓好贯彻落实。

同年 9 月 13 日，中共中央、国务院批复《北京城市总体规划（2016—2035 年）》（以下简称《2016 年总体规划》）。批复指出，《2016 年总体规划》深入贯彻习近平总书记系列重要讲话精神和治国理政新理念新思想新战略，紧紧围绕统筹推进“五位一体”总体布局和协调推进“四个全面”战略布局，牢固树立新发展理念，紧密对接“两个一百年”奋斗目标，立足京津冀协同发展，坚持以人民为中心，坚持可持续发展，坚持一切从实际出发，注重长远发展，注重减量集约，注重生态保护，注重多规合一，符合北京市实际情况和发展要求，对于促进首都全面协调可持续发展具有重要意义。《2016 年总体规划》的理念、重点、方法都有新突破，对全国其他大城市有示范作用。批复从首都功能定位，加强“四个中心”功能建设，优化城市功能和空间布局，严格控制城市规模，科学配置资源要素、统筹生产生活生态空间，做好历史文化名城保护和城市特色风貌塑造，着力治理“大城市病”、增强人民群众获得感，高水平规划建设北京城市副中心，深入推进京津冀协同发展，加强首都安全保障，健全城市管理体制，坚决维护规划的严肃性和权威性等十二个方面对北京市发展提出要求。9 月 28 日，市委、市政府召开总体规划实施动员和部署大会，传达了批复精神。

《2017 年总体规划》的主要特点和重点内容如下：

一是牢牢把握好“都”与“城”的关系，以服务保障首都功能为根本要求。为更好服务党和国家发展大局，《2016 年总体规划》着重对服务保障“四个中心”功能作出了安排。政治中心建设，坚持把政治中心安全保障放在突出位置，为中央党政军领导机关提供优质服务，保障国家政务活动安全、高效、有序地运行。文化中心建设，要以培育和弘扬社会主义核心价值观为引领，以历史文化名城保护为根基，以三条文化带为抓手，推动公共文化服务体系示范区和文化创新产业引领区建设。国际交往中心建设，要服务国家开放大局，加强国际交往重要设施和能力建设，健全重大国事活动服务保障长效机制。科技创新中心建设，要不断提高自主创新能力，形成以“三城一区”为重点，辐射带动多园优化发展的科技创新中心空间格局，构筑北京发展新高地。

二是以更长远的目标、更高的标准来谋划首都未来发展的蓝图。本轮规划期为 2016—2035 年，紧扣“两个一百年”奋斗目标，近期到 2020 年，远景展望到 2050 年。立足当前，着眼长远，将北京建设成为国际一流的和谐宜居之都，富强民主文明和谐美丽的社会主义现代化强国首都，具有全球影响力的大国首都，超大城市可持续发展的典范。

三是以疏解非首都功能为“牛鼻子”，坚持以疏解促提升谋发展，优化城市功能和空间布局。规划通篇贯穿了疏解非首都功能这个关键环节和重中之重，统筹考虑疏解与整治、疏解与提升、疏解与发展、疏解与协同的关系，科学统筹不同地区的主导功能和发展重点，提出了“一核一主一副、两轴多点一区”的城市空间结构。

四是切实减重、减负、减量发展。本次规划提出要以资源环境承载能力为硬约束，实施人口和建设规模双控，严格守住人口总量上限、生态控制线和城市开发边界三条红线，倒逼发展方式转变、产业结构转型升级、城市功能优化调整。北京已进入减量建设、减量发展时期，将严格控制城乡建设用地总规模，实行增减挂钩，多拆少占、少建，腾退减量后的用地要更多地用于增加绿色生态空间。

五是聚焦科学配置资源要素，优化调整生产、生活、生态空间结构。生产空间要集约高效，腾退低效产业用地，以金融、科技、文化创意等服务业和集成电路、新能源等高技术产业和新兴产业来支撑，促进更有创新活力的经济发展。生活空间要宜居适度，适度提高居住及其配套用地比重。生态空间要山清水秀，加强平原地区植树造林，大幅扩大生态空间的规模和质量，建设成网络、高品质的公园、绿道和蓝网水系，让市民更加方便亲近自然。

六是坚持问题导向，积极回应群众关切，让城市更宜居。本次规划聚焦人口过多、交通拥堵、房价高涨、大气污染等“大城市病”问题，从源头入手综合施策，提出破解难题的综合方略。标本兼治缓解交通拥堵，坚持公共交通优先的战略，提出加强交通需求调控、完善城市交通路网、加强静态交通秩序管理、鼓励绿色出行等措施。严控房价高涨，在加强需求端有效管理同时，加大住宅供地，建立购租并举的住房体系。全力治理大气污染，坚持源头减排、过程管控与末端治理相结合，强化区域联防联控联治，全面改善大气环境质量。提供更平等均衡的公共服务，提升生活服务业品质，从市民关心的身边事入手，推动“一刻钟社区服务圈”的城乡全覆盖，使人民群众生活更便利。提高基础设施建设质量，借鉴国际先进经验，推进海绵城市、综合管廊建设，全市实施生活垃圾分类，更加重视消防、防洪、防涝、防震，增强城市韧性，让人民群众生活更安全、更放心。

七是更加重视均衡发展。针对北京南北、内外、城乡发展不均衡问题，规划提出，以重大基础设施、生态环境治理、公共设施建设和重要功能区为依托，带动优质要素在南部地区聚集，加快南部地区发展；明确各区功能定位，促进主副结合发展，加快外围多点发展，促进山区和平原地区互补发展；加强城乡统筹，用专门一章对城乡发展一体化的目标和任务进行统筹部署，全面推动城乡规划、资源配置、基础设施、产业、公共服务、社会治理的城乡一体化。

八是加强历史文化名城保护，强化首都风范、古都风韵、时代风貌的城市特色。习近平总书记视察北京时指出，要保护好北京历史文化这张“金名片”。本次规划更加重视历史文化名城保护，提出构建“四个层次、两大重点区域、三条文化带、九个方面”全覆盖、更完善的历史文化名城保护体系。更加重视老城整体保护与复兴，老城内不再拆除胡同四合院。加强城市设计，建筑设计要体现多样性，把控总基调。

九是紧密对接京津冀协同发展，着眼于更广阔的空间来谋划首都的未来。落实中央决策部署，主动对接，规划对支持河北雄安新区规划建设也作出安排，努力形成北京城市副中心与河北雄安新区“比翼齐飞”的新格局。同时，规划也强调要携手津冀两省市推进交通、生态、产业等重点领域率先突破，加强京冀、京津交界地区管控，与河北共同筹办好 2022 年北京冬奥会和冬残奥会。

十是改革创新，推动超大城市治理体系和治理能力的现代化。越是超大城市，管理越要精细，越要在精治、共治、法治上下功夫。规划提出，坚持精细化管理、多元化治理、依法治理、体制机制创新，推动城市管理向城市治理转变。

二、城市总体规划中的环境保护

1949 年以来，北京市的城市总体规划经历了 20 世纪 50 年代、1973 年、1982 年、1992 年、2004 年、2017 年七次大的修编，环境保护在城市总体规划中的地位不断上升。

20 世纪 70 年代以前，没有成立环境保护机构，人们对环境保护缺乏认识，环境保护观念只是散见于城市总体规划的各专业规划中，例如，在城市布局上，将文教区建在西北郊，将工业区放在城市主导下风向和水源下游的东南郊地区；在水源和供水规划中，提出“开源、节流和水源保护并重”，营建水源涵养林，禁止污水灌溉和建设有污染的工矿企业，健全污水处理系统，消除污水对河道和地下水的污染等。

随着环境保护事业的发展和环境意识的提高，环境保护日益受到重视，在 1982 年、1992 年和 2004 年、2017 年编制的城市总体规划中，从明确改善城市环境目标到成为总体规划的指导思想和原则，从提出环境目标和具体要求到生态环境建设与保护的高度，环境保护地位逐步提高，涉及内容越来越广泛，要求也越来越具体。

（一）《1982 年总体规划》

1．环境保护目标

《1982 年总体规划》在“城市环境”中提出：“要治山治水，绿化造林，防止污染，兴利除弊，提高环境质量。要花大力气搞好环境建设，把北京变成全国最清洁、最优美、最卫生的第一流城市。”

2．环境保护内容

《1982 年总体规划》提高了保护城市环境的认识，明确了城市环境质量的目标，提出：“大力加强城市的环境建设。要认真搞好环境保护，抓紧治理工业‘三废’和生活废弃物的污染。要解决好大气、水体的污染和噪声扰民的问题；对于污染严重、短期又难于治理的工业企业，要坚决实行关停并转或迁移。要努力提高城市建筑艺术水平，各种房屋建筑、道路、广场、园林、雕塑，要精心规划和精心设计，体现民族文化的传统特色。要继续提高绿化和环境卫生水平，开发整治城市水系，加强风景游览区和自然保护区的建设与管理，把北京建设成为清洁、优美、生态健全的文明城市。”

严格控制和治理污染源。现有工厂等单位的“三废”要本着“谁污染谁治理”的原则限期治理。难以治理的，要迁出市区或停产、转产。迁建和新建的单位的“三废”治理，要严格执行国务院“三同时”的规定。今后不得再在北京新建污染严重的工厂。工业垃圾、固体废物要综合治理，充分利用。对现有工厂、医院等单位有毒或带菌的污水，要限期内部治理，达到规定的排放标准。新建单位，都要严格执行国务院“三同时”的规定，把污水治理好，防患于未然。要防治城市噪声和电磁波污染。

加强垃圾清运和处置，城市垃圾要实现清运机械化、桶装化，逐步做到有机、无机分类排除和清运，并建设适合北京情况的现代化垃圾处理厂。城市有机垃圾，要采取适当措施加以处理后，用以肥田。随着城市污水管道和处理场的建设，逐步做到城市粪便全部纳入城市污水处理系统。要增设公共厕所和街头垃圾箱。城市街道要经常清扫，严格管理，保持市容整洁。

建设排污系统。市区下水道要试行雨污分流。首先要着重修建污水管道，在市区消灭臭水沟，使输水河道转清，控制对地下水源的污染。根据市区布局，因地制宜地修建六个主要污水排放处理系统。分别在高碑店、清河、小红门、郑王坟、卢沟桥南、酒仙桥等处修建城市污水处理厂。在市区边缘的定福庄、垡头、南苑等地也要分别就近修建污水处理场。处理后的污水，除加以利用的以外，经过污水渠道排入港沟河，避开天津市区，经永定新河入海。远郊卫星城在建设的同时要着手修建污水管道和处理场，并研究解决污水综合利用问题，不准乱排污水。经过处理达到排放标准的污水，要当作水利资源加以利用，主要用于农业灌溉，也要研究作为工业用水的途径。污水处理场的选址，要考虑便于工、农业对污水的利用。

园林绿化。建立一批自然保护区和风景名胜区。市区城市居民人均占有的公园绿地面积从 1982 年的不足 5 m^2 提高到 10 m^2。在北京地区的环境建设中，诸如水源不足、风沙危害、生态平衡失调和灵山、松山、雾灵山等自然保护区的划界等问题，还要结合京、津、唐、冀北地区的区域规划进一步研究解决。

与历次城市总体规划相比，《1982 年总体规划》提高了对保护环境的认识，强调了环境保护与资源合理利用，明确了城市环境质量目标。但是，由于当时大气、地表水环境质量国家标准尚未出台，环境保护目标缺乏量化，环境保护内容不够详细、措施也不具体。

（二）《1992 年总体规划》

1．环境保护目标

2000 年，市区环境污染状况得到控制并有较大改善，市区主要输水河道还清，非采暖季节市区民用建筑和一般工业基本上不再烧煤，郊区宜林荒山基本实现绿化，农业和自然生态逐步向良性循环发展。到 2010 年或更长一些时间，使全市环境状况全面好转，逐步达到国家各项环境质量标准。

2．环境保护指标

大气环境：自然保护区、风景游览区达到国家一级标准，市区达到国家二级标准。

地表水环境：密云、怀柔水库及京密引水渠等饮用水水源保持国家二级标准，官厅水库力争达到二级标准，市区河湖达到三级标准，规划市区以外城市下游水体保持农田灌溉标准。

城市环境卫生：城市垃圾无害化处理率达到90%，一般工业固体废弃物综合利用率和主要有害废弃物无害化处理率均达到85%。

环境噪声：建成区区域环境噪声及市区交通噪声低于国家标准。

此外，控制电磁辐射污染，实行有关防护规定和卫生安全标准。

3．环境保护内容

（1）工业污染防治

调整产业结构，严格限制高耗能、高耗水工业的发展，大力开展节能、节水工作，努力把北京建设成节能、节水型城市。积极治理乡镇企业污染，建设乡镇工业小区，改变“村村点火、处处冒烟”的状况。2010年工业用水重复利用率力争达到80%以上，工业废水处理率达到80%～90%。

（2）水源保护

按照“节流、开源、保护水源并重”的方针积极解决城市水源问题。城市民用建筑要使用节水型设备，提高空调冷却水的循环利用率。农田要大力发展喷灌、滴灌。加强对自备井的管理，杜绝浪费用水现象。

采取污水资源化措施，综合利用部分城市污水，争取在2000年城市污水的年回用量达到4.8亿m^3左右。

采取地表水和地下水联调措施，在市区西部利用水库弃水和雨洪进行人工回灌，增加地下水的补给量。实行平水年多用河水、少采地下水的调度措施以养蓄市区地下水，争取在枯水年每年多采地下水1亿m^3左右。

搞好水源保护。营建山区水源涵养林，保持水土，削减洪峰，增加地下水补给。加强密云水库、官厅水库和京密引水、永定河引水两条输水渠的水源保护与管理。搞好地下水源的保护，在水源补给区内禁止污水灌溉，消灭污水渗井、渗坑，防止市区及城镇地下水厂水质继续受到污染。

（3）污水处理

逐步改变城市污水不经处理直接排放，污染地表水和地下水的状况。市区按照雨污分流原则建设污水管道和污水处理厂。2000年市区城市污水管道普及率达到 78%，基本控制住水污染。2010 年市区城市污水管道普及率达到 90%以上，城市污水处理率达到 90%，还清市区主要河道，大大改善水环境质量。

市区内各乡、村的污水应就近纳入城市污水系统，不能纳入的地区要因地制宜建设相应的排污系统。

根据集中和分散相结合的布局方式，把市区划分为 16 个污水排除与处理系统，建设污水处理量为 10 万 m^3/d 以上的大中型污水处理厂 8 座，其他小型污水处理厂 8 座，配置相应管网。

远郊卫星城宜集中建设各自的排污系统和污水处理厂。要优先建设城市水源上游地区的密云、怀柔、顺义、牛栏山、昌平、延庆等地的污水处理厂，还要修建黄村的水源保护工程。

（4）垃圾处理

经过 20 年的努力，基本控制垃圾、粪便对环境的污染，推行密闭清洁站，恢复垃圾分类收集，90%以上的垃圾、粪便实行无害化处理。

在市区周围建设 5 个垃圾填埋场、6 个堆肥场、4 个焚烧厂，2000 年垃圾处理能力达到 7 500 t/d，2010 年达到 11 100 t/d。

在市区周围建设 3 个粪便处理场、4 个粪便排放场，2000 年形成粪便处理能力 3 100 t/d。分期分批改造和新建公共厕所，根本改变公共厕所的卫生条件和面貌。

（5）绿化和生态保护

以大环境绿化为中心，大力治山治水，植树造林，提高绿化覆盖率，改善和提高首都环境质量。到 2000 年，全市宜林荒山基本实现绿化，平原实现高标准农田林网化，全市林木覆盖率达到 40%，并进一步扩大城镇和乡镇绿地面积，建成全市比较完整的绿化系统。2000 年以后，重点提高林木质量和绿化美化水平，逐步把首都建成花园式文明城市。

加速山区绿化，基本完成“三北防护林”北京段建设，山区林木覆盖率达到 55%，平原林木覆盖率达到 18%，形成首都防御风沙的屏障。

2000 年规划市区公共绿地总面积达到 42 km^2，人均公共绿地 7 m^2，绿化覆盖率 35%；2010 年规划市区公共绿地总面积 65 km^2，人均公共绿地 10 m^2，绿化覆盖率 40%。划定自然保护区范围，确定保护级别，明确保护和建设目标。

4．与《1982 年总体规划》比较

与《1982 年总体规划》相比，《1992 年总体规划》的范畴从工业污染治理延伸到生活污染防治，从单纯的污染治理延伸到城市环境综合整治，从大气、水污染防治延伸到环境污染全面防治和生态环境保护，环境保护目标也由定性指标改为定量指标，目标更加详细，措施更加具体，可操作性更强。

（三）《2004 年总体规划》

1．环境保护目标

《2004 年总体规划》针对生态环境建设与保护提出：坚持生态保育、生态恢复与生态建设并重的原则，将北京建设成为山川秀美、空气清新、环境优美、生态良好、人与自然和谐、经济社会全面协调、可持续发展的生态城市。

2．环境保护指标

到 2010 年，城市环境质量基本达到国家标准，全市生态状况继续好转；到 2020 年，空气质量指标在全年绝大部分时间内满足国家标准，主要饮用水水源、全部地表水体水质和环境噪声等符合相应国家标准。

3．环境保护及相关内容

（1）环境污染防治

①污染物排放总量。进一步削减污染物排放总量。以 2002 年环境统计数据为基数，2010 年，全市化学需氧量、二氧化硫和工业粉尘排放总量削减率均不低于 40%，中心城削减率分别不低于 40%、50%和 60%，全市烟尘和氨氮排放总量削减率约 20%；到 2020 年，各项污染物排放量进一步有所削减。同时，完成国家下达的工业固体废物排放总量削减指标。

②大气污染防治。针对大气污染呈现出的典型复合型污染形态以及颗粒物污染较重等情况，加大以天然气为主的清洁能源使用量，大力提倡使用清洁能源交通工具，控制施工扬尘，缓解光化学污染。2010 年，二氧化硫年均浓度达到国家标准，二氧化氮年均浓度基本达到国家标准，可吸入颗粒物年均浓度明显下降，臭氧超标情况有所遏制；2020 年，可吸入颗粒物年均浓度达到国家标准，臭氧超标情况大幅度减少。

③水污染防治。进一步改善水环境质量，完善城市污水管网，改建

厕所，加强城市地区污水处理厂再生水利用，加快城镇污水管网和污水处理厂建设。强化农村地区的水污染防治，治理水土流失。严格限制地下水开采，合理调配水资源，增加生态用水，促进全市地表水体水质的改善。

④固体废物处理处置。重点放在生活垃圾和工业固体废物的减量化、资源化、无害化方面。进一步推行城市生活垃圾源头削减、分类收集和综合利用。加强危险废物集中处理设施建设，使危险废物特别是医疗废弃物得到安全处理处置。

噪声、辐射、热岛效应等污染按照国家环保模范城市的标准治理。

⑤面源污染防治。在农村种植业中推行保护性耕作技术，在养殖业中推行清洁生产，防治面源污染，并全面启动畜禽养殖场的治理。

（2）水资源保护

①以水功能区划为依据，制定不同水域功能区水质达标对策，从涵养与保护两方面入手，提高水资源可利用量，搞好山区水土保持和小流域综合治理。

②保护饮用水水源。密云水库、怀柔水库、官厅水库、京密引水渠和永定河引水渠，应按照已划定的饮用水水源保护区和相应的保护规定加强保护。严格控制地下水的超采，有计划地进行地下水回灌。划定南水北调和应急水源保护区，制定相应的保护规定。

③推行清洁生产，减少废水排放；配套完善污水处理设施和回用系统，到 2020 年，全市污水管道普及率和污水处理率达到 90%以上；节约用水，建设节水型社会；开展雨洪利用，推广再生水利用，实现污水资源化利用。

（3）城市环卫

建设清洁卫生城市。加大生活垃圾处理设施投入和环境综合整治力度，提高垃圾处理率和资源化率。2020 年，中心城生活垃圾无害化处理率达到 99%以上，新城及乡镇生活垃圾无害化处理率达到 90%。

（4）绿化建设

绿地系统由中心城、平原地区、山区三个层次构成。市域绿地空间结构以山区普遍绿化为基础，以风景名胜区、自然保护区和森林公园绿化为重点，以“五河十路”绿化带和楔形绿地为骨架，实现生态绿地空间布局上的均衡、合理配置。依托“三北”防护林体系，加快燕山地区水源保护林和太行山地区水土保持林建设，形成防御首都风沙入侵的屏障。加强城市绿化隔离地区、沿河流和道路形成的绿色走廊、五大风沙治理区、风景名胜区、自然保护区、森林公园及湿地保护区等重点绿化工程的建设，构建平原地区绿地结构，形成城乡一体的绿化体系，改善环境质量。2020 年，建成功能完备的山区、平原、城市绿化隔离地区三道绿色生态屏障。

（5）生态保护

①建设限制分区。综合生态适宜性、工程地质、资源保护等方面因素，明确划定禁止建设地区、限制建设地区和适宜建设地区，用于指导城镇开发建设行为。将河湖湿地、地表水源一级保护区、地下水源核心区、山区泥石流高易发区、风景名胜区和自然保护区的核心区以及城市楔形绿地控制范围等划入禁止建设地区。将地表水源二级保护区、地下水源防护区、蓄滞洪区、山区泥石流中易发区、风景名胜区、自然保护区和森林公园的非核心区以及中心城外地下水严重超采区、机场噪声控制区等，划入限制建设地区。禁止建设地区、限制建设地区以外的地区为适宜建设地区。

②市域生态功能区划。对北京市域按地貌、人类活动强度等划分出 3 个生态区，即山区、平原地区、中心城及其城乡结合区。山区加强生物多样性保护，防止外来物种入侵，治理水土流失，保护景观资源。平原地区加强植树造林和生物多样性保护，有效防止外来有害生物的蔓延，减少工农业生产对环境的污染，发展节水型产业，减少地下水的开采。中心城及其城乡结合区要控制建设规模，加强绿地等生态基础设施建设，加大对城乡结合部环境的整治力度，大力削减污染物排放量，鼓励发展循环经济。

③河湖水系。划定地表水环境功能分区，按照国家标准制定河流、水库水体的水质目标。制定出合理的、符合城市可持续发展的城市河湖水系的水网布局，保护和恢复重点历史河湖水系和水工建筑物，为建设生态城市创造条件。

④河湖湿地。对中心城现有湖泊，要有计划、分期分批地进行疏挖治理，修理堤岸、护坡，补充清洁水，改善湖泊水质。加强市域湿地的

保护与建设，形成大小结合、块状和带状结合，山区和平原结合的湿地系统。

4．与《1992年总体规划》比较

与《1992年总体规划》相比，在《2004年总体规划》中，环境保护的地位有了进一步的提升，规划以建设生态保护型城市为目标，综合生态环境、工程地质、资源保护等方面因素，明确划定禁止建设地区、限制建设地区和适宜建设地区，用于指导城镇开发建设行为，为建设生态城市提供基本保障。坚持保护优先、预防为主、防治结合、源头与末端治理相结合，对大气、水、噪声及固体废物等污染进行综合治理；坚持生态恢复与生态建设并重的原则，加强燕山、太行山生态屏障建设。2020年，北京市林木覆盖率达到55%，城市绿化率达到44%以上。将北京建设成为山川秀美、空气清新、环境优美、生态良好、人与自然和谐、经济社会全面协调、可持续发展的生态城市。《2004年总体规划》与《1992年总体规划》环境保护指标对比见表2-1。

表2-1　1992年与2004年《北京城市总体规划》中环境保护指标对比

指标	1992年规划	2004年规划
工业用水重复利用率	80%	92%
北京市再生水利用量	4.8亿m^3	8亿m^3
全市污水管道普及率和污水处理率	90%（市区）	90%
全市污水处理能力	—	500万m^3/d
中心城生活垃圾无害化处理率	90%	99%
新城及乡镇生活垃圾无害化处理率	—	90%
全市生活垃圾处理设施总处理能力	11 100 t/d	21 650 t/d
工业粉尘排放总量削减率	—	40%
烟尘排放总量削减率	—	20%
二氧化硫排放总量削减率	—	40%
化学需氧量排放总量削减率	—	40%
氨氮排放总量削减率	—	20%
全市林木覆盖率	40%	55%

指标	1992 年规划	2004 年规划
城市绿地率	—	44%～48%
绿化覆盖率	—	46%～50%
人均绿地面积	—	40～45 m^2
人均公共绿地面积	—	15～18 m^2
是否设置禁建地区和限建地区	否	是

由表可知，《2004 年总体规划》环境保护指标数量明显增多，要求明显提高，特别是首次提出了全市烟尘、粉尘、二氧化硫、化学需氧量、氨氮等五项污染物排放总量削减指标，要求将污染物排放总量削减作为城市发展建设的约束条件，体现了经济社会与环境保护协调发展、环境保护优先的原则，是北京市城市总体规划的重大突破。

（四）《2017 年总体规划》

1．城市规模和空间布局

人口：按照以水定人的要求，根据可供水资源量和人均水资源量，确定北京市常住人口规模到 2020 年控制在 2 300 万人以内，2020 年以后长期稳定在这一水平。

城乡建设用地规模减量：到 2020 年全市建设用地总规模（包括城乡建设用地、特殊用地、对外交通用地及部分水利设施用地）控制在 3 720 km^2 以内，到 2035 年控制在 3 670 km^2 左右。促进城乡建设用地减量提质和集约高效利用，到 2020 年城乡建设用地规模由现状 2 921 km^2 减到 2 860 km^2 左右，到 2035 年减到 2 760 km^2 左右。

空间布局：构建“一核一主一副、两轴多点一区”的城市空间结构。

为落实城市战略定位、疏解非首都功能、促进京津冀协同发展，充分考虑延续古都历史格局、治理“大城市病”的现实需要和面向未来的可持续发展，着眼打造以首都为核心的世界级城市群，完善城市体系，在北京市域范围内形成“一核一主一副、两轴多点一区”的城市空间结构，着力改变单中心集聚的发展模式，构建北京新的城市发展格局。

一核：首都功能核心区，总面积约 92.5 km^2。

一主：中心城区，即城六区，包括东城区、西城区、朝阳区、海淀区、丰台区、石景山区，总面积约 1 378 km^2。

一副：北京城市副中心，规划范围为原通州新城规划建设区，总面积约 155 km^2。

两轴：中轴线及其延长线、长安街及其延长线，为传统中轴线及其南北向延伸。

传统中轴线南起永定门，北至钟鼓楼，长约 7.8 km，向北延伸至燕山山脉，向南延伸至北京新机场、永定河水系。

长安街及其延长线以天安门广场为中心东西向延伸，其中复兴门到建国门之间长约 7 km，向西延伸至首钢地区、永定河水系、西山山脉，向东延伸至北京城市副中心和北运河、潮白河水系。

多点：5 个位于平原地区的新城，包括顺义、大兴、亦庄、昌平、房山新城，是承接中心城区适宜功能和人口疏解的重点地区，是推进京津冀协同发展的重要区域。

一区：生态涵养区，包括门头沟区、平谷区、怀柔区、密云区、延庆区，以及昌平区和房山区的山区，是京津冀协同发展格局中西北部生态涵养区的重要组成部分，是北京的大氧吧，是保障首都可持续发展的关键区域。

2．环境保护目标

2020 年：生态环境质量总体改善，生产方式和生活方式的绿色低碳水平进一步提升。

2035 年：成为天蓝、水清、森林环绕的生态城市。

3．绿色发展评价指标

表 2-2　绿色发展评价指标体系

序号	指标	2015 年	2020 年	2035 年
1	细颗粒物（$PM_{2.5}$）年均浓度/（μg/m^3）	80.6	56	大气环境质量得到根本改善
2	基本农田保护面积/万 hm^2	—	10	—
3	生态控制区面积占市域面积的比例/%	—	73	75

序号	指标	2015 年	2020 年	2035 年
4	单位地区生产总值水耗降低（比 2015 年）/%	—	15	＞40
5	单位地区生产总值能耗降低（比 2015 年）/%	—	17	达到国家要求
6	单位地区生产总值二氧化碳排放降低（比 2015 年）/%	—	20.5	达到国家要求
7	城乡污水处理率/%	87.9（城镇）	95	＞99
8	重要江河湖泊功能区达标率/%	57	77	＞95
9	建成区人均公园绿地面积/m^2	16	16.5	17
10	建成区公园绿地 500 m 服务半径覆盖率/%	67.2	85	95
11	森林覆盖率/%	41.6	44	45

4．生态环境治理任务

《2016 年总体规划》在第五章“提高城市治理水平，让城市更宜居”第四节“着力攻坚大气污染治理，全面改善环境质量”中提出了生态环境治理任务。

基本路径：坚持源头减排、过程管控与末端治理相结合，多措并举、多方联动、多管齐下，以环境倒逼机制推动产业转型升级。综合运用法律、经济、科技、行政等手段，强化区域联防联控联治，推动污染物大幅减排，全面改善环境质量。努力让人民群众享受到蓝天常在、青山常在、绿水常在的生态环境。

（1）综合施策，全面推进大气污染防治

指标：在正常气象条件下，到 2020 年大气中细颗粒物（$PM_{2.5}$）年均浓度由现状 80.6 μg/m^3 下降到 56 μg/m^3 左右，到 2035 年大气环境质量得到根本改善，到 2050 年达到国际先进水平。

控制燃煤污染物排放。全面推进燃气锅炉低氮燃烧改造工程，以煤改气、煤改电等方式，推进各类燃煤设施和农村地区散煤采暖的清洁能源改造。到 2020 年全市煤炭消费总量由现状 1 165 万 t 下降到 500 万 t 以内，实现平原地区基本无燃煤锅炉，中心城区和重点地区实现无煤化；

到 2035 年全市基本实现无煤化。

推进交通领域污染减排。坚持机动车总量控制，鼓励发展新能源汽车。提高新车排放标准和车用油品标准，到 2020 年燃油出租车力争达到国Ⅴ及以上标准。发展低排放公共交通，严格管控重型柴油货运车，有序淘汰高排放老旧机动车。

削减工业污染排放总量。淘汰落后产能和高污染、高耗能产业，推进重点行业环保技术改造升级，深化治理石化、建筑涂装等行业的挥发性有机物污染。严控、调整在京石化生产规模。开展强制性清洁生产审核，构建清洁循环发展的产业体系。

严格控制扬尘和农业面源污染。运用新技术新工艺，全面控制施工和道路扬尘污染。有序压缩农业生产和养殖业规模。改进种植业生产技术，降低农药、化肥等使用强度和总量，减少设施农业挥发性有机物和氨排放。

（2）控制能源消费总量，优化能源结构

统筹处理好城市发展与资源能源利用、环境质量改善和共同应对气候变化的内在联系，推进经济社会绿色化、低碳化转型。深度挖掘产业结构、能源结构和功能结构调整的节能减碳潜力，以国际一流标准建设低碳城市。

严格控制能源消费总量。加强碳排放总量和强度控制，强化建筑、交通、工业等领域的节能减排和需求管理。全市现状能源消费总量约 6 853 万 t 标准煤，到 2020 年控制在 7 650 万 t 标准煤，到 2035 年力争控制在 9 000 万 t 标准煤左右。提升城市基础设施适应能力、城市系统碳汇能力，增强极端气候事件应急能力，将北京建设成为气候智慧型示范城市。

构建多元化优质能源体系。因地制宜开发本地新能源和可再生能源，积极引进外埠清洁优质能源，提供更稳定安全的能源供应保障，努力构建以电力和天然气为主，地热能、太阳能和风能等为辅的优质能源体系。到 2020 年优质能源比重由现状 86.3%提高到 95%，到 2035 年达到 99%。到 2020 年新能源和可再生能源占能源消费总量比重由现状 6.6%提高到 8%以上，到 2035 年达到 20%。

（3）加强风险防控，保障土壤环境安全

到 2020 年土壤环境质量总体保持稳定，建立健全土壤环境监测网络，实现土壤环境质量监测点位各区全覆盖，受污染耕地及污染地块安全利用率均达到 90%以上。到 2035 年农用地和建设用地土壤环境安全得到全面保障，土壤环境风险得到全面管控，受污染耕地及污染地块安全利用率均达到 95%以上。

加强农业土壤污染防治工作。科学施用农药、化肥，禁止施用高残留农药，开展农药包装物和农膜回收利用，轻度、中度污染耕地采取替代种植等措施安全利用，重度污染耕地严禁种植食用农产品，切实保障农用地土壤环境安全。

实施污染地块风险管理。推进现状工业用地和集体建设用地减量腾退后的土壤环境调查、监测、评估和修复。建立工业企业用地原址再开发利用调查评估制度，受污染地块优先实施绿化并封闭管理，确需开发利用的，需治理修复达标后方可使用，确保土地开发利用符合土壤环境质量要求。

（4）加强固体废物收运，提升处理处置能力

以减量化、资源化、无害化为原则，高标准建设固体废物集中处理处置设施。着力构建城乡统筹、结构合理、技术先进、能力充足的生活垃圾处理体系，健全政府主导、社会参与、市级统筹、属地负责的生活垃圾管理体系。

推进危险废物和医疗废物安全处理处置。建立健全危险废物环境管理系统，积极完善配套政策制度，强化重点领域环境风险管控。加强危险废物和医疗废物全过程管理和无害化处置能力建设，继续推进电子垃圾回收拆解工作，加大工业固体废物污染防治力度，到 2020 年工业固体废物实现安全利用和无害化处理。

提高生活垃圾处理水平，完善生活垃圾管理体系。全面实施生活垃圾强制分类，建立全生命周期的生活垃圾管理系统，鼓励社会专业企业参与垃圾分类与处理，并向社区前端延伸。加强垃圾焚烧飞灰的资源化处置，实现垃圾分类处理、资源利用、废物处置无缝高效衔接。完善垃圾管理配套制度，加强监管和执法力度，完善生活垃圾跨区处理经济补偿机制。发展循环低碳经济，建设循环经济产业园，提升综合处理能力。

到2020年生活垃圾焚烧和生化处理能力达到3万t/d，基本实现原生生活垃圾零填埋；到2035年生活垃圾焚烧和生化处理能力达到3.5万t/d，全面实现原生生活垃圾零填埋。

（5）防治噪声和辐射污染，降低环境风险水平

以保障环境安全为底线，强化环境污染防治，降低环境风险水平，提升生态环境监管水平，健全环境污染事故应急体系。

降低环境噪声水平。推进公共交通车辆、轨道交通等重点交通噪声源控制技术研究及示范应用。降低交通及施工噪声，控制居住区噪声，加强机场和飞机噪声管理。

加强核与辐射环境安全监管。实施高风险辐射源总量控制，完善辐射环境管理体系。强化对试验性、研究性核反应堆周边环境质量的实时监测，对放射源生产、销售、使用、运输、贮存和收贮等流转环节实行全生命周期严格监管。逐步退出与首都功能不相适应、安全风险较高的核与辐射活动。

第二节　国民经济和社会发展计划中的环境保护

“六五”至“十二五”时期，随着北京市经济社会的综合实力逐步提升，广大市民的环境意识逐步提高，北京市在各个时期的计划（规划）中都有环境保护内容并提出具体要求。1973年，市“三废”治理办公室与有关部门配合，拟订了环境保护规划。此后，在历次五年计划的初期，根据国家及市政府的要求，分别拟订环境保护5年、10年或20年规划和部分专业规划。1981年，市政府将环境保护宏观战略目标纳入“六五”“七五”国民经济和社会发展计划中，列为专门章节，并提出具体要求。以后各个时期的五年计划或规划纲要中，均在发展任务和目标中体现了保护环境的指导思想和要求，并设置专门章节，提出环境保护具体指标和任务。

一、“六五”计划（1981—1985年）

《北京市国民经济和社会发展第六个五年计划》（以下简称“六五”计划），是按照中央书记处关于首都建设方针的四项指示，根据全国五

届人大五次会议通过的第六个五年计划，结合北京市实际情况制定的。“六五”计划设基本情况、方针和任务等十七章，其中环境保护为第十六章，环境保护部分包括了“六五”期间环境保护的主要目标和为实现目标需采取的措施两部分内容。

（一）环境保护目标

“六五”计划在方针和任务中提出：“认真抓好城市建设特别是水、电、煤气、热力、道路等基础设施的建设，抓紧环境污染治理，搞好环境卫生”“把节能、节水和节约原材料作为工作的重点，采取一切可行的措施，使有限的能源、水源和原材料充分发挥作用，保证生产和建设事业的顺利发展”。将环境污染治理和节能、节水、节约原材料提升到与城市基础设施建设相同的高度。

“六五”期间，要采取有力措施，使城市基础设施落后于城市建设的状况有所改变，供电、供水、供气、供热和交通等状况有所缓和，城市市容环境进一步整洁。

1．基本改造完三环路以内的各种炉窑，全市工业粉尘收尘率由1980年的38%提高到1985年的70%。

2．全市企事业单位排放的含重金属废水和大部分医院的含菌污水得到治理，使工业废水处理率由1980年的15%提高到1985年的40%。市区地下水受重金属及酚氰的污染得到控制。

3．保持密云、怀柔和官厅三大水库及引水渠的水质清洁。城市绿化率由1980年的20%提高到1985年的25%。

4．加强固体废渣的综合利用，使固体废渣的综合利用率由1980年的40%提高到1985年的60%。

（二）主要措施

1．环境保护

（1）控制城市规模，调整工业结构，加强环境管理。市区内不再新建、扩建工业企业，对严重污染又难以治理的工厂，实行关、停、并、转、迁；社队企业要以种植业和养殖业为基础，发展农副产品加工业和服务性行业；基本建设和技措项目，坚持实行“三同时”和环境影响报告书制度；加强环境保护立法工作，抓紧制定环境保护法规。

（2）综合治理燃煤造成的空气污染。发展集中供热，严格控制建设分散锅炉房，重点改造三环路以内的现有锅炉，调整锅炉房布局，逐步实行热力公司集中经营管理，联片供热。

（3）综合治理水源污染。工业废水中排放的酚、氰、汞、铬、砷、镉等主要毒物含量要达到国家标准。重点治理首钢、燕化、电力三大企业的污染，首钢的有害废水全部得到治理；燕化外排污水达到排放标准；电力系统要重点解决烟尘污染，努力消除废水、废渣对永定河、通惠河和红领巾湖的污染。化工、医药、纺织、建材工业的废水处理率提高到80%以上；造纸工业的废水处理率达到75%以上；煤炭、电镀和皮革工业废水排放要达到国家标准；冶金机械、汽车制造工业的含酸、油、碱废水大部分得到治理；医疗卫生部门要以市区为重点，医院含菌污水和废弃物都要按要求进行治理，达到排放标准。

（4）健全污水管网，净化、绿化、美化市中心区的主要河流及其两岸，重点保护饮用水水源。建成西郊污水干线、结合道路工程建设一批污水排水管道；治理清河、万泉河、北土城沟、亮马河、长河、通惠河和北护城河等污染较严重的河道，疏通河道，绿化两岸，清污分流，使河水逐步还清，两岸绿树成荫，建成人们休憩的场所。建设高碑店污水处理厂，并着手筹建郑王坟等污水处理厂。河流两岸的工业废水要达到排放标准后进入下水道，不准直接排入河道。划定密云、怀柔、官厅等水库、京密引水渠及永定河引水渠为水源保护区。

（5）集中解决三环路以内的“三废”污染和噪声扰民问题。三环路以内污染扰民严重的800个企业中，5年计划解决污染源600项；解决33个厂点的噪声扰民和苯气污染问题。市区内禁用高音喇叭。采取积极的措施防治电磁波和放射性污染。

（6）加强固体废物的综合利用。1985年以前二环路内全部实现垃圾桶式收运，逐步做到垃圾分类，经过无害化处理的有机物用于农田，无机物用于填坑、铺路和生产建筑材料。

（7）加强环境科研和监测。完成国家、城乡建设环境保护部以及本市确定的重点环境保护课题的研究。建成空气连续自动监测系统，加强全市监测网的建设，不断提高监测技术水平，加强环境综合分析，编好环境质量报告书，及时掌握环境污染状况和发展趋势。

2．城市绿化。搞好市区的园林绿化和山区绿化。1985年，全市乔木达到 500 万株，草坪达到 500 万 m^2，发展垂直绿化。完成风景游览区绿化面积 30 万亩（合 2 万 hm^2），风沙危害区要搞好防风林建设。开发京郊自然资源保护区，保护自然资源和野生动植物资源。积极新辟和完善莲花池、玉渊潭、紫竹院、陶然亭等 10 多个公园，城近郊区要尽量开辟小型公园绿地，新建道路两侧要及时种树种草，使城市面貌有所改观。

3．环境卫生。“六五”期间，建成垃圾转运站、堆放场 12 处，部分污染扰民的工厂实行搬迁和改造。

4．控制水土流失、风沙危害的继续发展，用高效低毒农药取代高残留有机氯农药，保护农业生态环境。

二、“七五”计划（1986—1990 年）

《北京市国民经济和社会发展第七个五年计划》（以下简称“七五”计划）共设发展条件、主要任务和奋斗目标、产业结构等二十四章，涉及面较“六五”计划有所增加，并将环境保护理念融入工业、能源和水资源、科学技术、城市建设、国土开发和整治等各个章节中。同时，专门设置了第十四章“环境保护和绿化”，体现了对环境保护的重视。

（一）环境保护目标

“七五”计划明确提出：“按照城市总体规划要求，控制城市规模，抓好城乡的综合整治，努力改善环境质量，注意生态平衡。”

大气环境质量：风景区、自然保护区达到国家二级标准，市区基本达到国家三级标准。

水环境质量：饮用水水源达到国家二级标准，三大水库及其引水渠等饮用水水源达到国家二级标准，市区观赏河湖达到三级标准；

环境噪声：除个别地区外，按功能分区基本达到国家标准。

城市固体废物：市区垃圾做到及时清运，提高无害化处理率。

基本解决二环路以内工业污染扰民问题；工业废渣的综合利用率达到 50%以上，处理率达到 30%以上；工业粉尘收尘率达到 85%以上；工业废水处理率提高到 55%左右。

到 1990 年，城市人均占有公共绿地 6 m^2 以上，绿化覆盖率达到 28%；远郊县人均占有公共绿地 3～7 m^2，绿化率达到 30%。

（二）主要措施

遵循经济建设、城乡建设、环境建设“三同步”的原则，开展区域性的综合整治，力争控制污染的发展，使重点保护目标和局部地区的环境质量有所改善，并完成一批环境保护示范工程，为全市环境质量的根本好转创造条件。

要把保护环境、搞好绿化、保持生态平衡作为城乡规划和建设的重要内容，编制好环境保护和城市绿化的中长期计划。对排放污染物进行总量控制。

1．环境保护

（1）大气环境保护：以城市建成区为重点，积极发展煤制气、天然气等清洁燃料；发展集中供热和联片供热；推广型煤，减少小煤炉和分散采暖锅炉对大气的污染；三环路以内的工业废弃源要基本治理完毕，控制汽车尾气的排放。在城区内安排足够的绿地面积，建设分散、集团式的片林绿地把居住区隔离开，城区边缘建设绿化带。

（2）水环境保护：以保护饮用水水源为主。严格执行三大水库及其引水渠道的管理条例，修建永定河引水渠和昆玉段污水截流管；建设密云、怀柔两县污水处理厂，开展以污水资源化为目标的中水道试验工程；以保护饮用水为主，在水源地、河流两岸建绿化带。

（3）固体废物的处理以城市垃圾和烟灰为主，制定有利于鼓励粉煤灰综合利用技术的经济政策。建设一批垃圾转运站以及卫生填埋场、垃圾焚烧炉及堆肥示范工程。加强有毒有害废物管理。

（4）控制噪声污染。基本解决三环路以内固定噪声源，逐步禁止拖拉机在三环路及附近居民区行驶。对电磁波和振动源进行全面普查，并制定管理办法。

（5）搞好郊区各种农业生态示范工程，开展生物防治工作，减少农药使用；发动群众开展植树造林，大力增加苗木花卉，治理水土流失。乡镇企业要严格执行国务院有关规定，防止产生新的污染。

2．绿化

（1）以提高全地区的绿化覆盖率、改善首都的环境质量为出发点，按照建设首都大园林的基本指导原则，实行市区绿化和郊区绿化相结合，大公园、大绿地与小公园、小绿地相结合，点、线、面相结合，绿化与城市建设、治理相结合，乔、灌、草、花相结合。

（2）建设市区外缘环形绿化带和9片绿化隔离带边界林，万泉河路、京开路、昌平路等5条放射形绿化带，潮白河、清河、永定河、温榆河四条河流沿岸绿化；开始建设法海寺、大觉寺等五处森林公园；完成土城路、学院路、颐香路等30条市区道路和小月河等十多条河道两旁树木的栽植，发展二环、三环、四环路的绿化；在石景山、东郊、南郊、燕山等工业区营造防护林带，逐步改造东北郊、八大学院林带；逐步完成香河园、万泉河、刘家窑等40多处居住区的绿化和小区公园；新建和扩建北土城、水碓、圆明园、万春园等30处公园绿地；各远郊县城建设一两处城镇公园，完成主要道路和新建居住区的绿化，并着手建设环城绿化带。山区要大力营造用材林、薪炭林和水土保持林，搞好封山育林。五年封山育林育灌140万亩，造林150万亩。重点抓好5处风沙危害严重地带的整治。

“七五”期间，城市植树750万株，铺草坪500万m^2。

3．政策

（1）鼓励资源的综合利用，限期淘汰污染严重的老企业和产品。各种建设工程都必须进行环境影响评价，未经批准不得建设。

（2）开辟多种资金渠道，解决环境污染治理和绿化的投资。一是坚持“谁污染谁治理”的原则，促使污染环境的单位将自筹资金优先用于污染源治理；二是全面实行排污收费；三是对局部社会性的污染问题，采取由污染源及受益单位集资的办法；四是对综合整治和搬迁项目，实行优惠政策；五是划分造林的责任区，谁造林谁受益；六是适当增加地方财力对环境保护和绿化的投资。

（3）加强各级环境和绿化管理机构，强化环境管理。要建立地方性环保和绿化法规；加强环保宏观战略研究和环境质量预测，围绕环境保护的重大课题，组织科研单位进行攻关；建成全市监测网络。

三、“八五”计划（1991—1995年）

20世纪最后10年，是我国社会主义现代化建设历史进程中的关键时期。根据中央关于首都建设方针的指示和对《北京城市建设总体规划方案》批复的基本精神，结合北京市经济和社会发展的具体条件，编制了《北京市国民经济和社会发展十年规划和第八个五年计划纲要》（以下简称《“八五”纲要》）。

（一）指导方针

《“八五”纲要》指出：坚持中央关于首都建设方针的指示和对《北京城市建设总体规划方案》批复的基本精神，各项事业的发展必须服从和充分体现首都是全国的政治中心和文化中心这一城市性质的要求。首都城乡现代化水平再提高一步。各项现代化的服务设施较为齐全配套，城乡面貌明显改观，为 21 世纪中叶把首都建设成清洁、优美、生态健全、经济繁荣、具有高度文明的现代化的国际性城市奠定基础。

（二）环境保护目标

《“八五”纲要》提出：大力加强环境保护工作，继续绿化美化首都，保护和改善城乡生态环境。力争到 1995 年环境污染基本得到控制，农业生态环境实现良性循环。到 2000 年，城市供水、排水、供气、供热等基本适应城市发展的需要，市区居民炊事燃气化率达到 95%，新建民用建筑大多数实行集中供热；流经市区几条污染严重的河道，力争实现河水还清；城市生活垃圾争取有 60%实行无害化处理，城市绿化覆盖率提高到 35%左右，郊区林木覆盖率达到 40%左右；环境总体状况达到能举办奥运会的要求。

（三）主要措施

北京市环境保护主要任务是以防治大气污染和保护饮用水水源为重点，大力开展烟尘污染防治，严格控制地面扬尘，治理汽车尾气，保持饮用水水源水质清洁，治理市区河湖，加强城市污水处理设施和垃圾处理设施建设，逐步实现污染物排放总量控制，依靠科技进步，加快治理现有污染源，全面推行各项环境管理制度和措施，进一步完善环保法规体系，提高环境管理水平。

1. 大力开展烟尘污染防治。改善能源消费结构，增加优质煤炭，发展城市集中供热。大力发展城市煤气，提高城市居民炊事燃气化水平。建成首钢煤制气厂、华北油田天然气进京复线和北京焦化厂两段炉增气工程等项目，全市煤气日供应能力达到 445 万 m^3，基本实现城市居民炊事煤气化。进一步发展集中供热，实行多层次、多渠道集资办热。建成石景山电厂供热管线工程，建设高碑店热电厂管网和东郊热源工程。

2．保护好饮用水水源，加强城市污水处理设施建设，建成高碑店污水处理厂一期工程和几个小型污水处理厂；改善市区地面水水质，加强对城市娱乐水体和观赏河湖的综合整治，提高城市污水处理能力，积极开展污水回用。

3．逐步实现垃圾收集、运输、分类密闭化，提高城市垃圾无害化处理能力，因地制宜，建设不同类型的垃圾处理厂。“八五”期间，建成1座垃圾焚烧厂、阿苏卫等4座卫生填埋场和堆肥厂，2个垃圾转运站，使城市垃圾无害化处理率提高到40%。

4．“八五”期间，结合工业噪声治理，污染扰民严重企业、车间搬迁，城区全部建成低噪声小区；改善道路交通条件，缓解城市交通拥挤状况，加强管理，严格执法，降低城市交通噪声。

5．继续绿化美化首都，保护和改善生态环境。1995年，郊区林木覆盖率达到32%，城市绿化覆盖率达到30%，城市人均公共绿地面积6.5 m^2。

6．保护农村生态环境。积极开展山区小流域治理，大力植树造林，绿化宜林荒山，治理风沙危害；力争“八五”期间，每年治理水土流失面积250 km^2，沙荒地改造1 000 hm^2左右。加强乡镇企业环境管理，积极引导乡镇企业健康发展。

四、“九五”计划（1996—2000年）和2010年远景目标纲要

《北京市国民经济和社会发展“九五”计划和2010年远景目标纲要》（以下简称《“九五”纲要》）重点放在“九五”计划，同时对21世纪前10年的发展作出展望，把“九五”期间和21世纪前10年的发展衔接起来，使北京在实施中央提出的“三步走”战略上保持连续性。

《“九五”纲要》包括：“八五”期间国民经济和社会发展情况、“九五”期间和到2010年国民经济和社会发展的指导方针及奋斗目标、国民经济发展的主要任务、城市建设与管理的主要任务、社会发展和改善人民生活的主要任务、改革和开放的主要任务等六个部分，环境保护在第四部分“城市建设与管理”中。

（一）指导方针

坚持经济、社会的发展与资源、人口、环境相协调，走可持续发展的道路。认真贯彻实施《中国21世纪议程》，实施可持续发展战略，加强可持续发展能力建设，合理开发、利用和保护各种资源，提高资源利用效率，提高环境质量，维护社会稳定，促进社会全面进步，努力实现经济效益、社会效益、环境效益的统一，使经济、社会、资源、人口、环境协调持续发展。

（二）环境保护目标

环境质量逐步改善，到2000年，大气环境质量和水体质量实现好转，继续保持密云、怀柔水库及京密引水渠水体质量不低于国家二级标准（GB 3838—1988），市区河湖水体质量达到国家三级标准，城市下游河道水体满足农灌要求。城市污水处理率达到60%，工业废水处理率达到90%；城市环境噪声和道路交通噪声力争达到国家标准；固体废物得到合理利用和有效处理，工业固体废物综合利用率显著提高，垃圾粪便无害化处理率达到60%。全市林木覆盖率达到40%，城市绿化覆盖达到35%。到2010年，全市环境质量得到进一步改善，林木覆盖率达到45%，城市绿化覆盖率达到40%。

（三）主要措施

1．调整能源结构，控制汽车尾气排放，提高大气质量。积极争取国家支持，增加清洁能源和优质煤供应；发展多种形式的集中供热；在煤炭资源丰富的地区投资建设电厂，搞好市外输电工程；制定汽车尾气和污染物排放标准，实施无铅汽油推广计划。

2．保护饮用水水源，提高污水处理水平。加强地表水饮用水水源保护，完善水源保护区的管理；在密云、怀柔水库及官厅水库上游大力植树造林，涵养水源。加快污水处理厂和污水截流工程建设。

3．加强固体废物管理，提倡废物减量化、无害化、资源化。提高工业固体废物综合利用率，加快危险有害废物集中处理处置设施建设。加强垃圾处理工程建设，发展密闭清洁垃圾收集站，逐步实现垃圾分类收集。

4．加强工业污染防治和交通噪声治理。大力推行清洁生产，减少环境污染；冶金、化工和建材企业要加大治理污染力度，全面实施降尘削减计划；污染严重的乡镇企业要采取措施，积极治理污染。继续将噪声污染严重的工业企业迁出城区；新建道路、桥梁采取适当隔声措施。

5．加强绿化建设。建设绿化隔离地区和较大型公园绿地，建设市区外缘的防护绿化环带、楔形绿地、河道绿化隔离带、交通干道隔离带和防护林带，以及潮白河、永定河、西北山区绿化保护带。加强荒山荒滩绿化、城镇美化和村庄绿化。山区以保护和恢复为主，发展水源涵养林、水土保持林、防护林、风景林等，综合防治水土流失。

《“九五”纲要》虽然提出改善大气环境质量，但没有提出具体的目标。

五、“十五”计划（2001—2005年）

《北京市国民经济和社会发展第十个五年计划纲要》（以下简称《“十五”纲要》）包括：国民经济和社会发展总体目标、推进经济结构战略性调整、拓展开放型经济、大力实施科教兴国战略、提高城市现代化水平、促进可持续发展、提高人民生活品质、全面推进精神文明建设、创造良好发展环境等九部分，环境保护位于第六部分“促进可持续发展”中的第一项、第二项，其中第一项为治理环境污染，第二项为改善首都生态环境。

（一）总体目标

坚持以人为本，实施可持续发展战略，提高人民生活品质。注重处理好人与自然、人与环境的关系，促进经济、社会、人口、资源、环境的协调发展。坚持为人民服务的宗旨，改进城市管理和服务，完善社会发展体系，促进社会全面进步，不断提高广大人民群众的生活水平和质量。要把解决大气污染、水资源紧缺、交通拥堵、危旧房改造等重大问题，摆在更加突出的位置，采取更加有力的措施，努力把北京建设成为空气清新、资源节约、环境优美、生态良好、人居和谐的现代文明城市。

（二）环境保护目标

到2005年，市区大气环境质量主要指标年均值达到国家空气质量二级标准（GB 3905—1996），市区空气污染指数（API）达到和好于二级的天数占全年的70%以上。城市污水处理率达到90%，市区地表水环境质量按功能区达到国家标准。生活垃圾无害化处理率达到98%。全市林木覆盖率达到48%，城市绿化覆盖率达到40%，城市人均公共绿地面积达到15 m^2。

（三）主要措施

“十五”期间，北京市要以防治市区大气污染为重点，全面开展水污染、固体废物污染、工业污染源以及噪声、电磁、辐射污染物等防治工作，改善首都城市整体环境质量。到“十五”末期，使全市大气、水体及城镇地区声学环境达到国家环境质量标准，固体废物无害化、资源化、减量化水平显著提高，环境保护总体投资占同期国内生产总值的比例达到5%左右。

1．大气污染防治

控制煤烟型污染。在逐步降低煤炭消费比重的基础上，禁止原煤散烧，推广使用工业型煤、水煤浆和低硫、低灰份优质煤等洁净煤；加大能源结构调整力度，逐步用天然气、电、液化石油气和太阳能等清洁能源替代燃煤；发展集中供热，减少煤烟型污染；推广建筑节能和采暖供热系统节能技术和措施等。

严格控制机动车尾气污染。开发并推广使用清洁燃料汽车；严格执行机动车淘汰报废制度；加强车用油品质量的监督管理；完善城市交通系统，提高城市道路交通管理水平。

控制扬尘污染。扩大城市绿化面积，逐步消灭裸露地面；严格施工工地环境管理；逐步扩大道路水冲和机扫面积，减少道路扬尘污染。

2．水污染防治

保护地表及地下饮用水水源。实施海河流域污染防治规划、首都圈生态建设规划等区域性综合规划，加强地区间合作，不断改善上游地区生态环境质量；合理开采地下水，保护地下水水质，逐步提高、恢复地下水水位。

提高污水处理能力，开展地表水综合整治。加快城市污水处理系统的建设，建设清河、吴家村、小红门、卢沟桥等污水处理厂，同时建设相应的污泥消纳处理设施。结合城区改造对旧沟和下水道进行更新改造，加快建设市区污水截流管线。

实施流域水污染物排放总量控制。落实《海河流域防治规划》，加快凉水河、莲花河和小龙河综合治理。

通过采取以上水污染防治措施，到“十五”末期，市区污水日处理能力达到 260 万 t 左右，郊区城镇共形成二级城市污水日处理能力 40 万 t 以上。

3．固体废物污染防治

重点要加强城市垃圾的全过程管理，实现垃圾减量化、资源化和无害化，提高资源的利用率。全面实行垃圾收费制度，加强垃圾处理收费监督机制；建设和完善垃圾收集、运输和处理处置系统，加强垃圾的分类收集、回收和处理，提高垃圾资源化率；加快城市生活垃圾无害化处理设施建设和郊区城镇、村镇垃圾处理处置设施和消纳场所建设；通过技术引进和开发，全面提高固体废物处理的技术水平和机械化程度。加快工业固体废物综合利用率，完成工业固体废物综合利用示范工程和危险废物集中处理处置示范工程建设。

到“十五”末期，市区生活垃圾资源化率达到 30%，工业固体废物综合利用率达到 90%。

4．工业污染源防治

坚持推行污染物排放总量控制政策，使排污企业在稳定达标的基础上进一步削减污染物排放量；在重点企业全面推行清洁生产和 ISO 14000 环境管理体系认证，提高企业内部环境管理水平；调整产业结构和布局，加快市区搬迁和郊区小城镇的建设，减少市区污染，控制郊区污染；加强冶金、电力、建材和化工等重点行业的污染治理，减少污染物排放。

“十五”末期，全市工业污染源做到稳定达标排放，主要工业污染物排放总量在目前基础上再削减 30%以上。

5．噪声、电磁、辐射（放射性）等污染防治

严格控制居住区餐饮、娱乐和施工噪声污染；完善城市规划和布局，提高道路、住宅的减噪抗噪设计标准，控制交通噪声的发展；加强电磁辐射源申报登记、建设审批和监测管理工作；对放射性污染源及其产生的废物实施全面有效监控，妥善处理处置放射性废物；积极探索并加强光污染防治的技术及措施。

6．改善首都生态环境

以造林绿化、治理水土流失和风沙危害为重点，以全面改善首都生态环境为目标，加快构筑首都绿色生态屏障，着重搞好重点区域的生态建设和保护，逐步实现首都生态环境系统的良性循环。

（1）建成三道绿色生态屏障。以燕山、太行山绿化工程、前山脸爆破造林工程为重点，建设山区生态圈，开展退耕还林、还草，使林木覆盖率提高到70%以上。以“五河十路”（“五河”即永定河、潮白河、大沙河、温榆河、北运河，“十路”指京石路、京开路、京津塘路、京沈路、顺平路、京承路、京张路、六环路（五环路）等8条主要公路及京九、大秦两条主要铁路）和农田林网建设为重点，搞好绿色通道建设，构筑平原生态圈，使平原地区林木覆盖率提高到25%以上。以首都绿化隔离地区建设为重点，形成城区生态圈。

（2）重点区域的生态建设和保护。水源保护区以涵养水源和保持水土为核心，加强水源涵养林和水土保持林建设，搞好水生态环境动态监测，提高水源涵养和保护能力。“十五”期间，加快建设密云水库和怀柔水库上游水源地水土保持工程，营造水源涵养林；加快官厅水库生态环境综合治理工程建设；搞好第八水厂防护区水源防护林建设。深山绿化与水土保持区以保持水土和防治山洪泥石流为重点，加强天然林保护、防护林营造，搞好小流域综合治理和山洪泥石流防治等工程建设，控制水土流失，防治与减轻自然灾害，形成山区生态系统的良性循环。浅山景观生态区以生态旅游和观光农业为特色，营造风景林，建设名优特果品生产和林果良种繁育基地，发展节水型高效农业。风沙治理区以防风固沙林网建设为基础，加快五大风沙危害区综合治理，完成1.3万 hm^2 沙地、10.9万 hm^2 潜在风沙化土地的综合治理。平原生态与节水农业区要大力发展节水农业，综合治理水土环境污染，全面实现农田林网化和四旁绿化，建设绿色通道和森林公园。加强生物多样性保护，建设15～20个自然保护区。加快8个国家生态环境建设重点区县的建设。搞好远郊区卫星城、中心镇、建制镇环城林和村镇片林的建设。

（3）加强市区绿化。在抓好街道、居住区、公共场所等绿化建设的同时，集中建设好市区中心大面积公共绿地。加强新建道路和城区重点道路及水系两侧的绿化建设，形成中心城区的道路、水系绿化网。通过拆房建绿、破墙透绿、见缝插绿等措施，不断提高绿化覆盖率。提高新建成区和危旧房改造区绿地面积标准。发展垂直绿化，合理配置、优化品种，形成以树木为主，乔木、灌木、花草结合的种植结构，提高城市绿化美化水平，形成比较完善的绿色基础设施体系。加强公园和风景名胜区的建设与管理，把首都建成一流园林城市。

六、“十一五”规划（2006—2010 年）

“十一五”时期（2006—2010 年）是 21 世纪首都发展的重要战略机遇期，是实现“新北京、新奥运”战略构想的关键时期，在全市现代化进程中处于承前启后的重要位置。《北京市国民经济和社会发展第十一个五年计划发展纲要》（以下简称《“十一五”纲要》），是党中央提出科学发展观和构建和谐社会重大战略思想，国务院批复《北京城市总体规划（2004—2020 年）》后编制的第一个五年规划。举办 2008 年夏季奥运会，为北京提供了一个向世界全面展示中国风貌、首都风采、市场商机的舞台，将有效促进北京经济社会发展和城市管理水平的提高，有力推动北京与世界全方位、多层次、宽领域的交流合作，显著提升北京的国际地位和影响力。

《“十一五”纲要》包括规划背景、指导原则和发展目标、发展任务和政策取向、办好 2008 年北京奥运会、启动重点新城建设、规划实施等六个部分，环境保护内容集中在第三部分“发展任务和政策取向”的第七项“人口发展与资源环境”。

（一）指导原则

切实加强基础设施建设和运行管理，健全综合交通体系、能源供应体系、水资源保障体系，加强环境污染防治和生态保护建设工作，进一步改善居住环境，提高城市综合防灾减灾和应急管理能力。完善市域城镇体系，努力将北京建设成为经济发达、文化繁荣、社会和谐、生态良好的宜居城市和现代化国际城市。环境保护作为指导原则也体现在发展任务的各个方面，如积极发展循环经济、健全能源供应体系、保障水资源供给、落实区县功能定位、加大城市环境整治力度等。

（二）环境保护目标

城市空气质量基本达到国家标准。化学需氧量排放总量下降到 9.9 万 t，比 2005 年下降 14.7%。二氧化硫排放总量下降到 15.2 万 t，比 2005 年下降 20.4%。全市林木覆盖率达到 53%，城市绿化覆盖率达到 45%，人均公共绿地面积达到 15 m^2。中心城污水处理率达到 90%以上，新城和中心镇污水处理率提高到 90%。中心城再生水利用率提高到 50%以上。中心城和新城生活垃圾无害化处理率达到 99%以上，农村地区生活垃圾无害化处理率达到 80%。农村卫生厕所（户厕）基本普及。农村安全饮水达标率达到 100%。

《“十一五”纲要》未提出地表水环境质量目标。

（三）主要措施

大气污染防治。采取严格有力的措施，实施污染物排放总量控制，显著改善大气环境质量。2008 年之前完成城八区现有 3 000 台 20 t 以下燃煤锅炉清洁能源改造，实施燃煤电厂和大型燃煤锅炉脱硫、脱氮、高效除尘治理工程，大幅度降低煤烟型污染。2008 年，全面执行国家第四阶段机动车排放标准，进一步提高车用燃油标准，加快高排放汽车淘汰，控制机动车污染。实施八宝山殡仪馆搬迁工程，改善周边地区环境质量。积极治理郊区沙源地，推广保护性耕作技术，消除建成区和城乡结合部裸露地面，减少施工、道路扬尘对城市空气质量的影响。

水污染防治。继续加强饮用水水源水质保护工作，采取综合措施防止各类污染源对地表水和地下水源的污染。开展全市各流域水环境治理，加强城市河湖治理，重点建设污水处理设施和配套管网。2010 年，实现城市六环路以内主要河湖水体基本还清，中心城区和新城城市水系水质达到国家标准，下游水体水质明显改善。大力治理农村地区的水污染，加强郊区大型养殖企业的粪污治理，鼓励生物防治，使用生物农药，实施测土配方施肥，减少农药、化肥对土壤和水体的污染。

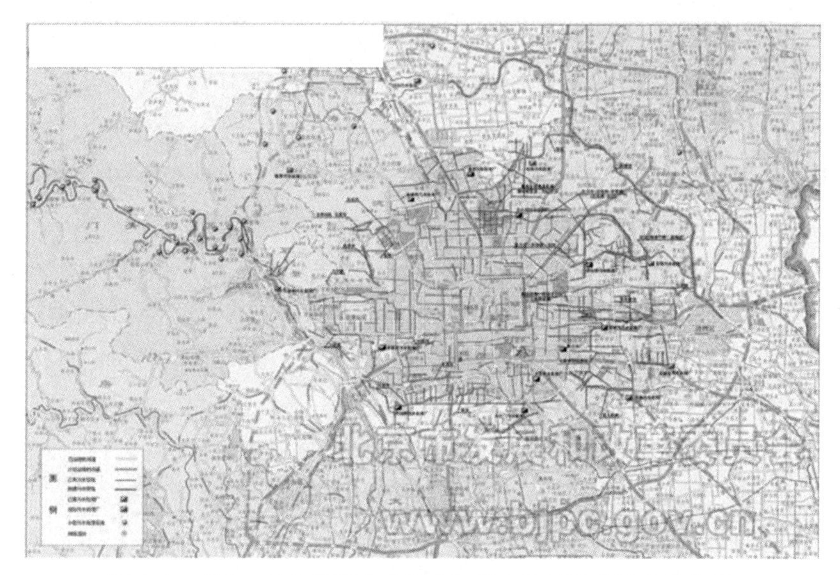

图 2-1　“十一五”期间北京城市河湖水环境综合治理示意图

固体废物污染防治。推进固体废物源头削减和循环利用，加快处理处置设施建设，提高固体废物污染防治能力和水平。建设大兴安定、怀柔庙城、顺义杨镇等 12 座生活垃圾卫生填埋场，朝阳高安屯等 4 座生活垃圾焚烧厂，海淀六里屯、丰台北天堂、通州董村等 9 座生活垃圾综合处理厂，显著提高中心城、新城和乡镇生活垃圾无害化处理能力。鼓励工业固体废物资源化技术研发和推广，提高煤矸石、尾矿等工业固体废物的综合利用率。完成危险废物处置中心、医疗废物处理厂及放射性废物库的建设，实现全市危险废物、医疗废物及放射性废物的安全无害化处置。

噪声和电磁辐射、放射性污染防治。建设重点路段的降噪工程，有效治理道路、铁路、机场、建筑、餐饮、娱乐等噪声污染源，创建安静居住小区。完善电磁辐射、放射性污染防治地方法规和标准，建设环境辐射预警监测与评价系统。

建设与保护首都生态环境。以京津风沙源治理、燕山太行山绿化、重要水源林保护工程为重点，建设山区生态屏障。以绿化隔离地区、沿河流和道路绿色走廊、平原生态综合治理和农田林网建设为重点，推进重点生态功能组团及风沙危害治理区建设，构建城乡一体的生态体系。

继续实施好封山育林、小流域综合治理、水源地和水库周边环境综合治理工程，保护地表和地下水资源，防治水土流失、泥石流等自然灾害。加强浅山区森林、矿山等资源管理，严格控制采矿业，对采矿破坏区域进行生态恢复。以生物多样性保护为目标，加快野生动植物、天然湿地等自然保护区的建设，保护天然河道和原生植被，防止外来物种的入侵。按照“谁开发谁保护、谁受益谁补偿”的原则，建立生态补偿机制。积极推进生态区县、环境优美乡镇和文明生态村的创建工作。

七、“十二五”规划（2011—2015 年）

首都北京在成功实现“新北京、新奥运”战略构想之后，开始步入新的发展阶段，面临难得的历史机遇。人口资源环境矛盾更加突出，尤其是城市人口规模过快增长给资源平衡、环境承载、公共服务和城市管理带来严峻挑战。特大型城市建设和运行管理的压力更加凸显，交通拥堵、垃圾治理等困扰人们生活的问题日益突出，保障城市常态安全运行和应急协调面临更大考验。

《北京市国民经济和社会发展第十二个五年规划纲要》（以下简称《“十二五”纲要》）是首都着眼建设中国特色世界城市，全面实施人文北京、科技北京、绿色北京战略的五年规划，是首都深入推进经济发展方式转变、在新的起点上开创科学发展新局面的重要规划。

《“十二五”纲要》包括新时期的战略选择、创新驱动发展、发展惠及人民、文化彰显魅力、城市服务生活、绿色塑造未来、改革激发活力、开放实现共赢、未来五年的行动路径共九篇二十九章，环境保护部分位于第六篇绿色塑造未来，全篇共分为营造清新城市环境、重现秀美自然山川和共建宜居绿色家园共三章内容。

（一）指导思想

“十二五”时期是推动首都科学发展的关键时期。要牢牢把握科学发展这个主题，更加注重以人为本，更加注重全面协调可持续发展；坚持以建设资源节约型、环境友好型社会为重要着力点，坚持以改革开放为强大动力，使首都的发展与人口资源环境的承载能力相适应。

“十二五”全市发展的指导思想是：高举中国特色社会主义伟大旗帜，以邓小平理论和“三个代表”重要思想为指导，深入贯彻落实科学发展观，认真贯彻中央对北京市工作的一系列重要指示精神，以科学发展为主题，以加快转变经济发展方式为主线，顺应人民群众过上更好生活新期待，深化改革开放，全力推动人文北京、科技北京、绿色北京战略，进一步提高“四个服务”水平，努力把北京建设成为更加繁荣、文明、和谐、宜居的首善之区。

（二）环境保护目标

城乡环境更加宜居。率先形成城乡经济社会发展一体化新格局。全市生态服务价值进一步提高，林木绿化率提高到57%。交通拥堵现象得到有效治理，中心城公共交通出行比例达到50%。万元GDP能耗、万元GDP二氧化碳和主要污染物排放持续下降，空气质量二级和好于二级天数的比例达到80%。基本实现城市生活垃圾零增长、污水全处理。城市管理的精细化、智能化水平进一步提高。

规划未提出水环境质量目标。

（三）主要措施

“十二五”时期，要全面实施“绿色北京”战略，把建设资源节约型和环境友好型社会作为转变经济发展方式的重要着力点，持续推进大气治理，加强绿化建设和生态修复，加快形成绿色生产体系、绿色消费体系，大幅提高首都生态文明水平和可持续发展能力，把北京建设成为既服务于当代市民，又服务于子孙后代的宜居家园。

1．营造清新城市环境

“十二五”时期，要继续采取坚决有力的措施，推进污染减排和治理，加强生态环境建设，努力为市民营造清新的都市环境，使北京的环境质量再上新台阶。

让空气更清洁。改善大气环境质量一直是社会关注的焦点，也是政府工作的重点。北京先后实施了16个阶段的大气污染控制措施，空气质量得到显著改善。“十二五”期间，全面实施《北京市清洁空气行动计划》，使环境空气质量得到进一步改善。

控制生产型污染。进一步优化能源结构，大幅增加天然气等清洁能源利用，减少煤炭使用，严格控制煤烟型污染。控制餐饮油烟等低矮面源污染。加大资源消耗型、污染型企业淘汰力度，坚决退出中小型水泥、建材、玻璃、化工等高排放企业。建立氮氧化物排放总量控制制度，推广低氮燃烧技术，水泥窑全部进行脱硝治理。完善挥发性有机物产品准入标准和监控体系，有效治理化工、涂料、家具制造、包装印刷等行业挥发性有机物污染。

治理机动车污染。实施国家第五阶段机动车污染物排放标准。加速淘汰老旧机动车。鼓励使用节能环保型汽车，在公交、环卫、出租等公共服务领域推广使用新能源汽车，支持物流企业建立“绿色车队”。

防治扬尘污染。制定并实施施工扬尘污染防治排放标准，加大施工工地和城市道路扬尘控制力度。建立道路遗撒监控系统，采取扫、洗和收集一体化的道路保洁措施。继续开展裸露农田治理，杜绝秸秆、草木露天焚烧。

推进区域大气污染联防联控。协调推动区域产业结构调整，对重大建设项目实行环境影响评价区域会商机制，减少污染区域内转移。推动制定区域大气污染联防联控规划，协商建立统一的区域大气环境保护标准。建立区域空气质量监测网络，共享监测信息。开展区域大气环境联合执法检查，集中整治违法排污企业。

实现垃圾全处理。垃圾总量过快增长、处理能力不足，新建处理设施规划难、选址难、建设难，已经成为困扰城市发展的突出难题。“十二五”时期按照源头减量、资源化利用与末端治理并举的原则，加强城市垃圾管理相关法规建设，切实构建起垃圾分类收集、再生利用、无害化处理的全过程管理体系，着力加快处理设施建设，确保垃圾基本实现安全无害化处理。

促进垃圾源头减量。倡导“厉行节约、减少废弃”的消费模式，鼓励减少一次性用品使用和产品过度包装，深化落实“限塑”措施，实行“净菜进城”。建立生产者责任延伸制度，推进工业企业产品和包装物强制回收。鼓励可再生资源回收利用，建立以社区为单位的便民回收站点和捐助平台，规范小型旧货市场，让每个家庭的旧衣旧物等可回收物品得到再利用。发挥价格杠杆调控作用，逐步提高非居民生活垃圾处理收费标准，完善居民生活垃圾处理收费制度。实行区域生活垃圾总量控制，实施“增量加价，减量奖励”的垃圾处理调控政策，促进生活垃圾增长率逐年降低，到2015年基本实现零增长。

对垃圾进行分类管理。建立生活垃圾分类体系，完善生活垃圾分类标准，加强源头分类投放，配套分类收运设施，提高垃圾分类专业化水平，实现分类收集、分类运输、分类处理的全过程衔接。2015 年生活垃圾资源化率达到 55%。对建筑垃圾、电子废物、医疗废物、危险废物、城市污泥等实行分类管理。

提高垃圾资源化水平。支持废纸、废塑料、废玻璃、废金属、废橡胶等资源再生利用和零部件再制造产业发展。加强电器电子废物规范处置。规范完善建筑垃圾收运监管机制，建立施工现场原位处理与资源化处置基地相结合的处理体系。加强资源再生产业区域合作，构建跨区域再生资源产业链。

加快垃圾处理设施建设。落实垃圾处理区县政府属地责任，完善市场化的区县合作机制，形成责任、权利和利益明确的垃圾收集处理管理体制。超前研究、严格落实垃圾处理设施建设规划，充分利用世界最先进技术，加大政府投入力度，鼓励社会资本进入，集中建设 27 处生活垃圾综合处理设施，2015 年全市生活垃圾处理能力达到 3 万 t/d，满足全市生活垃圾处理需要。改变原生垃圾填埋的传统处理方式，大幅提高垃圾焚烧和生化处理比例，垃圾焚烧、生化处理和填埋比例达到 4∶3∶3。实现餐厨垃圾单独收集，原则上各区县负责就地消纳。实现医疗垃圾全部消纳处理，处理能力达到 80 t/d。

全面治理水污染。按照流域整体治理、区域全面考核的思路，加强水污染源头防治，加快污水管网和处理设施建设，进一步提高污水处理能力，实现全部污水无害化处理。

加强污染源头控制。建立区县水系水质跨界断面考核标准，落实区县属地责任。建设工业污水排放在线监控系统，关停不能达标排放的污染企业。禁止生产和销售含磷洗涤用品。建设畜禽养殖粪污综合利用和无害化处理设施，调整搬迁饮用水水源保护区内规模养殖场。减少种植业化肥用量，控制农业面源污染。

提升污水处理水平。完善中心城区污水收集管网，实现城市生活污水全收集。高标准建设郑王坟、回龙观等污水处理设施，中心城污水处理率达到 98%。全面完成新城和乡镇污水处理设施建设，新城和重点镇污水处理率达到 90%。因地制宜建设农村生活污水处理设施。加快污泥处置设施建设，实现污泥全部无害化处理。

防治其他污染。有效控制交通噪声污染。加强建筑施工噪声监管，加强控制工业、娱乐业、商业噪声及室内装修活动噪声污染，营造更宁静城市空间。加强放射性同位素与射线装置安全管理。加强城市放射性废物库运行管理，对重点放射源实施全面监督与监测。

2．重现秀美自然山川

“十二五”时期，进一步统筹山区与平原的生态环境建设和功能挖掘，注重扩大城市森林和绿地面积，提高山区森林质量，全面改善城市河湖水环境，提升水景观和生态休闲功能，进一步提高城市生态服务价值。

让森林走进城市。拓展城市绿化空间，大幅增加绿地面积，提高乔木比例，实现树种多样化，提升城市生态景观，缓解热岛效应。

建设大尺度城市森林绿地。建成 11 座新城滨河森林公园、南海子郊野公园、南中轴森林公园和园博园。建设国家植物园，扩大北京植物园规模，提升科技与养护水平。新增集中连片的城市森林绿地 1 万 hm^2。加强绿隔地区发展政策的跟踪研究、推进和落实。基本完成第一道绿隔，全面建成第一道绿隔郊野公园环。实施第二道绿隔提质增效工程，在条件具备区域建设郊野公园和森林公园。全面提高绿隔地区管护水平，巩固绿化成果。

增加中心城绿地。推进城市立体绿化，实施公共建筑屋顶绿化、建筑墙体垂直绿化、立交桥和停车场绿化，提升城市绿色景观。实施拆违增绿和见缝插绿，完成 2 000 hm^2 代征绿地绿化任务，推进老旧居住区和胡同街巷的绿化建设，满足市民就近生态休闲需求。2015 年，中心城 80%居住区出行 500 m 即可到达公共绿地。

让绿色遍布乡村。形成连接城乡、覆盖平原的绿色生态网络。大力推进 10 条沟通市区与郊区的楔形绿地建设。实现大中河道、主干交通线、铁路线两侧全部绿化，高标准建设林水相依、林路相嵌的景观绿化带。改造提升农田林网和村镇片林 20 万亩，完善平原防护林网，提高平原地区防风固沙能力。

提高山区森林质量，增加森林蓄积量。完成房山、门头沟等 7 个山区县剩余 40 万亩宜林荒山绿化，稳步推进岩石裸露地区植被恢复，完成 5.5 万亩已关停废弃矿山生态修复。完成 150 万亩低质生态公益林升级改造和 300 万亩中幼林抚育。

提高科学育林水平。培育、引进适合本地气候条件的树种，实现树种多样化，提高常绿和彩色树种比重，提升景观功能，注重树木的长期培育和生长，增加森林生态效益和碳汇功能。

让河流风貌再现。“十二五”时期，要统筹河道治理、水源保障和污染防治，按照生态治理理念，建设河网湿地、河道绿带交相辉映的水景观，逐步恢复河道生态景观风貌，打造休闲滨水空间。利用再生水，改善重点河湖水系断流干涸、水质不达标的状况，因地制宜重建河流生态景观。建设西部永定河绿色生态走廊，实现湖泊溪流相连自然景观。实施跨流域调水，补充潮白河生态水源，再现湖泊水面和芦苇丛生的优美环境。完成北运河流域水系治理，实现水质还清，重现古老漕运河道水景。加快推进温榆河治理。突出保护与休闲并重，扩大汉石桥和翠湖湿地公园规模，改造提升野鸭湖湿地，扩展城市湿地系统。

营造绿色滨水空间。按照“宜弯则弯、宜宽则宽、宜岛则岛、宜滩则滩”的原则，生态治理城市河湖水系，合理规划河岸土地空间，解放滨水资源，建设观水、亲水、近水的休闲滨水空间，沿通惠河、凉水河、亮马河、坝河、清河等中心城河湖水系打造 10 大滨水绿线，形成“水秀而可近，岸绿且可亲”的绿色滨水景观。

3．共建宜居绿色家园

发挥政府示范作用，带动企业和市民各方力量，推行绿色低碳的生产生活方式和消费模式，积极应对气候变化，形成自觉自律、尊重生态环境的社会风尚。

节能降耗。“十二五”时期，要更加注重制度建设，以建筑节能和管理节能为重点，依靠科技进步、标准带动、价格和利益机制引导，加快向“内涵促降”转变，把节能降耗提升到一个更高水平。

提高建筑节能水平。推广绿色建筑，大幅度提高建筑节能水平。提高建筑节能标准，新建居住建筑实施 75%节能设计标准。推进建筑门窗、供热系统等为重点的节能改造，改造完成既有建筑 6 000 万 m^2。新建建筑全部实行供热计量收费，50%以上节能设计标准的既有民用建筑和全部公共建筑基本完成供热计量改造，并实行按用热量收费。

工业节能降耗。强化产业退出标准和产品设备淘汰目录约束作用。

强化企业节能管理，鼓励企业建立健全全流程绿色管理体系，深入实施清洁生产。加快实施节能改造，系统提升工业能源利用效率。

公共机构节能降耗。实行公共机构定额用能管理制度，实施办公建筑节能、公务车节油、空调和数据中心节电等关键环节节能措施。完成2 000家公共机构节能改造，政府机构率先全部完成。

提高节能降耗管理水平。强化目标责任考核，增加对重点行业进行节能减排目标责任分解。健全能源统计计量体系，建成市、区、重点用能单位三级节能监测管理综合平台。实施能评全过程管理机制。推广合同能源管理机制。完善节能减排鼓励政策。推进重大用能企业技术改造。发布节能节水减排技术（产品）推荐目录，推进热计量改革，全面实施阶梯电价。

推动绿色生产生活。推广绿色政务，培育绿色商务环境，鼓励市民绿色消费，在全社会推进节约环保行动，逐步创建产品供给、市场流通、消费行为全过程的绿色低碳方式。践行绿色办公。建立政府机构能耗水耗统计体系，加强定额考核管理。研究出台北京市政府绿色采购实施细则，优先采购自主创新的节能环保产品和设备，以及可再生、可循环利用、通过环境标志认证的产品。引领绿色商务。鼓励企业在产品宣传、营销模式推广、售后服务融入绿色理念。鼓励发展网上交易、虚拟购物中心等新兴服务业态。引导发展第三方物流，实施一批共同配送示范项目。鼓励绿色消费。颁布北京市生态文明公约，编制市民绿色消费手册。提高大众节能环保意识，把节能、节水、节材、资源回收利用逐步变成市民的自觉行动。

应对气候变化。减缓温室气体排放。提高低碳能源在一次能源消费结构中比重，大力推进低碳技术研发、应用和相关服务业发展，有效降低重点领域碳排放。因地制宜开展低碳试点建设。积极开展国际间低碳技术交流与项目合作。

主动适应气候变化。建立健全气象灾害预警系统，制定重点领域、重要地区和敏感单位抗御气象灾害的应急预案，建立多部门参与的应对气候变化的信息共享、会商联动和决策协调机制。鼓励企事业单位、市民通过认养植树、购买碳汇等多种方式，主动承担更多的碳减排义务。

第三章　环境保护综合性规划

作为中国首都、特大型城市和东方文明古城，北京市的环境保护工作一直受到中央政府和市政府的高度重视。从20世纪70年代中开始，北京市制订实施了一系列环境保护相关规划。20世纪90年代以来，北京市的经济社会得到迅速发展，人民生活水平不断提高，环境保护也逐步成为政府工作的重点，按照全市“五年”计划（规划）编制体系工作部署：市规划的主管部门市计划委员会、市发展改革委员会组织编制北京市国民经济和社会发展“五年”计划（规划纲要）并由市政府提请人民代表大会审议批准；有关部门组织编制重点专项规划和一般规划，重点专项规划由市政府印发，一般规划经市政府同意后由规划主管部门和业务主管部门联合印发。环境保护规划编制经历了系统内部编制到外部公开，由向有关部门和市政府提供规划草案资料到独立编制印发规划，由市级一般规划到市级重点规划，环境保护五年规划已经成为本市五年规划体系的重要组成部分。除了环境保护五年规划，北京市还根据国务院的指示，编制了《北京市环境污染防治目标和对策（1998—2002年）》。

第一节　环境保护五年计划和规划

一、“五五”环境保护计划及十年规划（1976—1985年）

（一）制定背景

1973年8月，第一次全国环境保护会议在北京召开，会议确立了“全面规划、合理布局、综合利用、化害为利、依靠群众、大家动手、保护环境、造福人民”的环境保护工作方针，并将北京确定为18个环境保护重点城市之一。同年 12 月，市“三废”治理办公室根据国务院环境保护领导小组提出的“两年控制，五年改善，七年解决”的环境目标，制定了《北京市 1974—1980 年环境保护规划草案》(以下简称《“五五”环境保护规划草案》)。

1974 年 11 月，市“三废”治理办公室根据国务院批转国家计委《关于全国环境保护会议情况的报告》精神和中共北京市委关于编制十年规划的统一部署，又拟定了《北京市 1974—1985 年环境保护规划草案》。1976 年 5 月，市计委、建委联合转发国家计委和国务院环境保护领导小组《关于编制环境保护长远规划的通知》，要求各区、县、局革委会认真贯彻通知精神，结合各自的情况编制环境保护 10 年规划和“五五”规划。同年 12 月，市环保办公室根据国务院环境保护领导小组在“五五”期间基本消除污染的要求，拟订《北京市 1976—1985 年环境保护规划》(以下简称《“十年”环境保护规划》)。

(二) 规划目标

《“五五”环境保护规划草案》确定的目标是：1975 年以前，基本控制水源污染，并在消烟除尘和废渣利用方面做出显著成绩；1980 年以前，争取做到市区河水还清，基本消除“三废”危害，使北京的环境质量有较大的好转，到 1985 年，把北京建成一个清洁的城市。《“十年”环境保护规划》提出的目标是：三年控制污染，五年基本消除污染，十年建成清洁的城市。

(三) 主要措施

《“五五”环境保护规划草案》提出了七个方面的任务和措施：控制城市规模，搞好工业布局；加速治理工业“三废”，大搞综合利用；搞好消烟除尘，改变燃料构成，发展集中供热；改善城市排水系统，增建污水处理设施；实现管道排粪和垃圾清运全部机械化；大力植树造林，逐步实现大地园林化；加强环境保护科学研究。初步估算，为实现这一规划草案，共需投资 9 亿元。

《“十年”环境保护规划》从八个方面分析了北京市的环境问题，并提出相应对策。在控制城市规模、搞好工业布局方面，提出控制钢铁和化工行业规模，对位于居民稠密区、污染严重的企业实行“治、改、并、迁”，在水库、水源地及城市上风向坚决不许建设有“三废”危害的工厂；在搞好消烟除尘、改变燃料构成方面，提出城近郊区要“以油代煤”“以气代煤”，力争1980年天然气用量达到30亿～50亿 m^3，1985年达到120亿 m^3，并提出开采地下热水、推广利用太阳能等；在消除农药、化肥对食品的污染方面，提出发展农药新品种，逐步取代高残留的有机汞、有机氯和剧毒有机磷农药等；在加强环境保护科研、提高监测水平方面，提出开展环境质量评价、环境污染对人体健康的影响、烟道气脱硫、有毒有害物质测试方法及环境污染预报等研究工作。初步估算，为实现这一目标共需投资10亿元。

（四）实施情况

从北京市《“五五”环保规划草案》及《“十年”环境保护规划》的实施情况来看，所提出的三年控制污染、五年基本消除污染、十年建成清洁城市的目标，反映了当时政府治理污染的决心和良好愿望。但由于在制订环境保护规划目标时，低估了环境问题的复杂性、治理污染的艰巨性和解决环境问题的长期性，制订目标过急过高，提出的发展天然气要求不切实际，投资及清洁燃料资源有限，实际执行情况与目标要求有很大差距，致使目标未能实现。

二、“六五”环境保护计划（1979—1985年）

（一）制定背景

根据国务院环境保护领导小组对北京市1980年控制污染、1985年建成清洁城市的要求，市环保局于1979年拟订了《1979—1985年北京市环境保护规划（草稿）》。1980年5月，根据中央书记处关于首都建设方针的四项指示和中共北京市委的指示，市环保局草拟了《关于北京市环境污染现状和十年（1981—1990年）规划目标的报告》。1981年2月，在该报告基础上，中共北京市委向中央书记处上报了《关于北京市环境污染现状和十年规划目标的报告》。1981年5月，市环保局根据国务院《关于在国民经济调整时期加强环境保护工作的决定》，又拟订了《北京市环境保护五年规划要点草案》。

1982年3月，根据北京市城市规划委员会编制总体规划的要求，市环保局向市政府上报《北京市环境保护五年、二十年规划草案》，重点是“六五”规划。

（二）规划目标

《关于北京市环境污染现状和十年（1981—1990 年）规划目标的报告》提出的主要目标是：3 年内（到 1983 年），集中力量解决二环路以内 62 km^2 和三环路以内 160 km^2 的污染问题，做到烟囱不冒黑烟，解决市区工业废水中的重金属和医院含菌污水对水源的污染，使城市环境污染有所减轻；5 年内（到 1985 年）重点解决 750 km^2 规划市区的污染问题，使大气中二氧化硫和烟尘污染有所减少，城区居民做饭全部采用液化气和煤气，部分河流还清，减轻地下水污染，城区噪声扰民问题大部分得到解决，城市环境有明显改善；10 年或 15 年（到 1990 年或 1995 年），使大气、主要河流的环境指标基本符合国家标准，城区工业噪声扰民问题基本得到解决，城市环境大为改善，基本建成清洁城市。

《北京市环境保护五年、二十年规划草案》提出的目标是：1985 年环境质量有所改善，2000 年基本解决污染问题，初步把首都建成清洁、卫生、优美的现代化城市。

北京市环境保护 5 年（到 1985 年）、20 年（到 2000 年）规划草案主要指标（见表 3-1）。

表 3-1　北京市“六五”环境保护规划草案主要指标

规划指标	1985 年
三环路以内排尘浓度	低于 400 $\mu g/m^3$
市区二氧化硫排放	25.8 万 t
市区氮氧化物排放	16.9 万 t
天然气供应	—
工业废水循环率	＞60%
城市污水处理能力	143 万 t/d（二级）
工业污染源治理	三环路内 600 个污染源治理、搬迁或改产
工业废渣利用率	＞70%
生活垃圾、粪便	市区堆放不暴露
城市绿化覆盖率	—

（三）主要措施

《关于北京市环境污染现状和十年（1981—1990 年）规划目标的报告》提出：严格限制首钢公司、北京石化总厂及化工行业的发展规模，建议采用收费和罚款等经济手段和行政手段相结合的措施，促进环境保护工作。初步估算需投资 19 亿元，并附有 10 年规划项目投资表，以及改、并、迁的企业名单。在《北京市环境保护五年规划要点草案》中，增加了加强环境管理、健全环保法规等内容。

《北京市环境保护五年、二十年规划草案》提出了 7 个方面的对策：

1．控制城市规模，调整经济结构，控制耗能大、用水多、污染重的企业规模，以环境容量确定卫星城镇的规模；

2．加强环境管理，制定一系列环境保护法规，执行环境影响报告书制度等，建设空气质量自动监测系统；

3．防治大气污染，增加清洁燃料、实行集中供热、改造现有锅炉、控制生活燃煤污染等；

4．保护水源，开发地表水水源，建设地表水水厂，开展废水回用；

5．控制工业污染，治理三环路内 600 个污染源，抓好首钢、燕化、电力等重点污染企业的污染治理，解决社队企业的污染等；

6．开展固体废物综合利用；

7．保护生态环境，建立自然保护区。

预计 20 年投资 74 亿元，其中前 5 年为 17 亿元（不包括首钢、燕化、电力等行业的治理资金）。

在编制“六五”计划的同时，市环保局还与市有关部门配合，拟定了环境保护科研、控制水污染和空气污染及医院污水、污物治理等专项规划。

（四）实施情况

“六五”期间，市人大常委会和市政府先后颁布了 12 项地方性环保法规及规章，加强了环境法制管理，环境保护已成为编制“六五”国民经济和社会发展计划的一项指导原则。

“六五”期间，环境保护直接投资累计 6.5 亿元，城市基础设施建设与环境建设有关的间接投资 18 亿元。环境质量恶化趋势有所减缓，某些污染物得到控制，重金属等部分污染物排放明显下降，局部地区和部分河湖环境质量有所改善。1985 年与 1981 年相比，城近郊区降尘量由每月每平方公里 33.7 t 下降到 22.7 t；市区平均交通噪声由 73.5 dB 下降到 69.9 dB；密云、怀柔水库及其引水渠基本保持清洁；官厅水库的水质达到国家地面水三级标准；农村生态环境向良性循环发展。

“六五”期间，全市人口由 919.2 万人增至 989.1 万人，城区人口密度由每平方公里 2.68 万人增加到 2.72 万人；年耗煤量由 1 731.8 万 t 增至 2 046.8 万 t，致使全市二氧化硫年排放量由 26.3 万 t 增至 30.96 万 t，废水年排放量由 7.11 亿 t 增至 8.98 亿 t，城近郊区二氧化硫年日平均浓度由 0.062 mg/m^3 增至 0.107 mg/m^3，采暖期浓度由 0.128 mg/m^3 增至 0.209 mg/m^3，环境污染的加重趋势仍未得到有效控制（见表 3-2）。

表 3-2　“六五”期间主要计划指标完成情况

主要环境指标	单位	1981 年实际	1985 年计划	1985 年实际	完成情况
二氧化硫总排放量	万 t	26.3	25.8	30.96	×
烟尘总排放量	万 t	44.1		38.76	
降尘量	t/（月·km^2）	33.7		22.7	
工业粉尘收尘率	%	62.5	70.0	93.0	√
居民炊事气化率	%	62.2		62.6	
城近郊区二氧化硫年日平均浓度	mg/m^3	0.062		0.107	
其中：采暖期	mg/m^3	0.128	0.267	0.209	√
非采暖期	mg/m^3	0.029	0.043	0.046	×
全市废水排放量	亿 t	7.11		8.98	
城市污水处理能力	万 t/d	25.2	143	25.3	×
工业废水处理率	%	29.7	40.0	40.0	√
工业废水循环利用率	%		＞60.0		
工业固体废物综合利用率	%	31.7	70.0	25.4	×
城市绿化覆盖率	%	20.1	25.0	22.1	×

三、“七五”环境保护计划（1986—1990 年）

（一）制定背景

为更加科学地编制“七五”时期环境保护规划，市环保局组织开展了《北京城乡生态环境现状评价及 1990、2000 年预测和对策研究》，利用城市生态系统仿真模型，对市区环境质量进行预测。结果显示，如按以往人口、房屋、工业的增长速度发展，而用于工业污染治理的资金仍保持市区工业产值的 0.5%，到 1990 年，污染综合指数将是 1980 年的 1.67 倍、1985 年的 1.2 倍，污染将日益严重，不仅不能达到中央书记处、国务院“使北京环境不继续恶化”的要求，更不能实现国家“七五”计划中要求北京环境质量明显改善的目标。

同时，从“六五”计划执行情况来看，某些环境污染不仅没有控制住，而且还有日益加重的趋势；由于城市规模过大、人口增加、能源消耗量增加，大气污染日益严重；在全市监测的 70 条、2 300 km 河段中，受到严重污染的河段增加，流经城市的河渠中，严重污染率达 17.8%，城市下游已无清洁水体。

基于上述研究成果，1983 年 5 月，市环保局拟定了《北京市环境保护 2000 年及“七五”期间规划指标草案（讨论稿）》（以下简称《“七五”规划》），经市环委会讨论通过，于 1986 年 6 月和 8 月分别上报市政府和国务院环境保护委员会。

（二）规划目标

《“七五”规划》提出，根据实际财力、物力的可能，通过加强环境管理、采取相应措施和制定有关政策，力争到 1990 年控制污染发展的趋势，将环境污染控制在 1984 年的水平，局部地区和重点保护目标的环境质量有所改善，完成一批关键性的环境示范工程，为后 10 年环境质量的全面好转创造条件。规划分别在大气环境质量、水环境质量、声环境质量、生活垃圾处理、城市绿化等方面设定了 9 项具体规划指标（见表 3-3）。

表 3-3　北京市环境保护"七五"规划草案主要指标

环境要素	规划指标	1985 年	1990 年
大气环境质量	风景游览区、自然保护区	—	达到国家二级标准
	市区	—	基本达到国家三级标准
水环境质量	密云、怀柔、官厅水库	—	达到国家地面水环境质量二级标准
	市区上游及市区观赏河流、湖泊	—	接近国家地面水环境质量三级标准
	城市下游水体	—	达到国家农田灌溉水质标准
声环境质量	环境噪声	—	按功能分区力争达到国家城市区域环境噪声标准
固体废物	城市生活垃圾	—	及时清运，逐步提高无害化处理率和综合利用率
城市绿化	城市绿化覆盖率	22.1%	28%
	人均公共绿地面积	5.14 m^2	6.14 m^2

为实现"七五"环境目标，估算环保直接投资需 12.5 亿元，与环保有关的市政基础设施投资需 42.3 亿元。

（三）主要措施

1．采取增加煤制气、天然气等清洁燃料，发展集中供热和联片供热，推广型煤等措施，减少小煤炉和分散采暖锅炉对大气的污染，控制扬尘和汽车尾气排放等污染。

2．以保护饮用水水源为重点，严格执行三大水库及其引水渠道的管理条例，修建永定河引水渠和昆玉段污水截流管，建设密云、怀柔两县污水处理厂，开展以污水资源化为目标的中水道试验工程。

3．鼓励粉煤灰综合利用，治理工业固体废物污染；建设垃圾转运站和卫生填埋场、垃圾焚烧炉及堆肥示范工程等处理生活垃圾；加强对有毒有害物的管理。

4．基本解决三环路以内固定噪声源，逐步禁止拖拉机在三环路及附近居民区行驶。

5．推广各种类型的农业生态示范工程，开展生物防治工作，减少农药使用；治理水土流失；防治乡镇企业污染。

6. 建设市区外缘环形绿化带和9片绿化隔离带边界林；完成30条市区道路和小月河等10多条河道的绿化，在石景山、东郊、燕山等工业区营造防护林带；逐步建成香河园等40多处居住区和小区公园；各远郊县城建设一二处城镇公园，完成主要道路和新建居住区的绿化，并着手建设环城绿化带。山区营造用材林、薪炭林，搞好封山育林。“七五”期间，城市植树750万株，铺草坪500万m^2。

7. 鼓励资源的综合利用，限期淘汰污染严重的老企业和产品。各种建设工程都必须进行环境影响评价，未经批准不得建设。开辟多种资金渠道，坚持“谁污染谁治理”的原则，促使污染环境的单位将自筹资金优先用于污染源治理；全面实行排污收费。

（四）实施情况

“七五”期间，全市发展城市热电厂集中供热1 610万m^2，小区集中供热、联片供热和余热供热面积3 399万m^2，减少了2 208台锅炉和17 581台小煤炉；城市居民用煤基本实现蜂窝煤化，烟煤型煤逐步取代市区茶炉、大灶原煤散烧，经多方努力，市区烟尘控制区已达100%。治理了1 000多个固定噪声源，建成了23个低噪声小区。治理了340多个重点工业污染源，停产、搬迁了60多个污染扰民严重的工厂、车间。在水源保护区内，有120多个污染源得到治理，保证了饮用水水源水质清洁；红领巾湖、龙潭西湖、通县玉带河等十多个河湖环境面貌明显改观。为保护农业生态环境开展了生物防治，建设了不同类型的生态农业试点，进行了小流域治理。“七五”期间，用于污染源治理的投资达10亿元，是“六五”时期的2.5倍，与环境保护密切相关的基础设施投资达到47.3亿元。与1985年相比，城市居民炊事气化率、城市集中供热率、城市绿化覆盖率都明显提高，烟尘和粉尘排放量大幅削减。在市区人口增加70万人、房屋建筑面积增加5 000万m^2、年耗煤量增加360万t、工业总产值增加50%、机动车辆成倍增长的情况下，降尘量有所降低，国家控制的考核河道污染程度无明显上升，交通噪声和区域环境噪声初步得到控制（见表3-4）。

表 3-4 “七五”期间主要计划指标完成情况

主要环境指标		单位	1985 年	1990 年	完成情况
城市居民炊事气化率		%	62.6	84	√
城市集中供热率		%	13.8	21.1	√
城市绿化覆盖率		%	22.1	28.1	√
烟尘排放量		万 t	减少 14 万 t		√
粉尘排放量		万 t	减少 7.4 万 t		√
降尘量		t/（月·km^2）	26.4	21.8	√
年日均值	二氧化硫	mg/m^3	0.107	0.122	×
	氮氧化物	mg/m^3	0.66	0.98	×
	一氧化碳	mg/m^3	2.0	2.8	×
城市污水一级处理率		%	10	7.3	×

总体来看，“七五”规划各项措施的完成情况较前几个规划有较为明显的好转，但大气环境质量未全部达到规划目标。市区二氧化硫年日均值已由 1985 年的 0.107 mg/m^3 上升到 1990 年的 0.122 mg/m^3；氮氧化物由 0.66 mg/m^3 上升到 0.98 mg/m^3；一氧化碳由 2.0 mg/m^3 上升到 2.8 mg/m^3，均超过国家标准。由于城市污水处理厂建设资金不落实，至 1990 年底，高碑店污水处理厂二级处理工程尚未开工，城市一级污水处理率由 10%降至 7.3%。

四、“八五”环境保护计划及十年规划（1991—2000 年）

（一）制定背景

20 世纪最后 10 年，是我国社会主义现代化建设历史进程中的关键时期。北京市要认真贯彻国务院对城市总体规划的批复精神，各项事业发展必须充分体现首都是全国的政治中心、文化中心的城市性质要求，为 21 世纪中叶把首都建设成清洁、优美、生态健全、经济繁荣的现代化的国际城市奠定基础。

1990 年前后开展的相关研究表明，1991—2000 年，北京市城乡现代化水平将明显提高，国民经济综合实力将显著增强，城乡人民生活将明显改善，从而对环境提出了更高的要求。从环境发展趋势看，某些环境污染尚未得到有效控制，部分环境指标超过国家标准并呈上升趋势，北京市将面临严峻的环境问题。主要表现在：预计到2000年，全市煤炭消费总量明显增加，煤炭燃烧排放的二氧化硫、烟尘总量将分别增加10万t左右和7万t左右；三环路内采暖期大气中二氧化硫浓度将可能超过国家标准1倍多，总悬浮颗粒物将可能超过国家标准近1倍；三环路内汽车尾气污染将日渐突出，氮氧化物、一氧化碳浓度均呈上升趋势；市区污水排放量亦将从1990年的7.82亿t增加到12亿t左右，随污水排放的化学需氧量增加10万t左右，饮用水水源受到威胁；工业固体废物和生活垃圾逐年增多，占用更多的土地，造成污染。农村山区水土流失尚未根治，平原地区仍有大片风沙危害区亟待整治。

1991年7月，北京市计委和市环保局联合下发《关于印发区县、部门环境保护十年规划和“八五”计划编制大纲的通知》，要求各区县政府和有关局、总公司根据编制大纲，结合本地区、本部门情况，认真做好规划和计划的编制工作。1992年，市计委和市环保局联合发布了《北京市环境保护十年规划和第八个五年计划纲要》（以下简称《纲要》）。

（二）规划目标

《纲要》提出北京市的环境保护总目标是：力争到1995年环境污染得到有效控制，大部分环境指标达到国家规划要求的标准，局部地区和重点地区环境质量有所好转，努力防止农业生态的破坏，进一步改善农村自然生态环境。到2000年，环境质量明显提高，有关指标基本达到国家要求，初步把北京建设成为清洁、优美、生态健全的城市（见表3-5）。

表3-5　北京市环境保护“八五”规划纲要提出的主要指标

主要指标	具体指标	1995年	2000年
大气环境质量	市区大气环境质量	力争基本达到国家三级大气环境质量标准	全面达到国家要求
	风景游览区、自然保护区大气环境质量	基本达到国家二级大气环境质量标准	全面达到国家要求
水环境质量	密云、怀柔水库	—	保持国家二级地面水环境质量标准
	官厅水库、永定河山峡段及永定河引水渠	达到国家三级地面水环境质量标准	—

主要指标	具体指标	1995 年	2000 年
水环境质量	市区上游及市区观赏河湖	基本达到国家三级地面水环境质量标准	全面达到国家三级地面水环境质量标准
	市区下游河湖	国家农田灌溉标准	主要河道基本达到国家三级地面水环境质量标准
城市垃圾	无害化处理率	40%	60%
	一般工业固体废物产生量	850 万 t 以下	950 万 t 以下
	一般工业固体废物综合治理率	75%	85%
	有毒有害废物产生量	23 万 t 以下	25 万 t 以下
	有毒有害废物综合治理率	75%	90%
环境噪声	城市环境噪声	57 dB 以下	不超过 57 dB
	交通干线噪声	71 dB 以下	力争低于 70 dB
自然生态保护	水土流失面积治理率	3.9%	4.6%
	郊区林木覆盖率	32%	40%
城市绿化	城市绿化覆盖率	30%	35%
	人均公共绿地面积	6.5 m^2	7 m^2

（三）主要任务

1．大气污染防治

增加城市煤气的供气能力。建设华北油田至北京天然气复线和市内配套工程以及首钢煤制气、焦化厂两段炉煤制气等气源工程。到 1995 年，城市煤气供气能力将达到 400 万 m^3/d 以上，发展城市居民煤气用户 40 万户，城市居民炊事气化率将达到 95%以上。下大力气建设陕北天然气田至北京的天然气输气管线及市内配套工程，争取“八五”末期送气进京，2000 年调入量达到每年 15 亿 m^3 以上，基本实现城市居民炊事用能煤气化，公服气化率达到 85%，部分工业用煤由管道煤气代替。

采取多种供热方式，加快北京集中供热发展。结合城市小区建设和危房改造，以建设区域供热锅炉房为主，积极发展热电厂、小型热电冷联产、联片供热等多种形式的集中供热，逐步取代分散锅炉和小煤炉采暖；充分利用工业余热，开发地热资源；完成石景山热电厂供热管网、高碑店热电厂建设、一热改造工程。到 20 世纪末，发展热电厂集中供热面积 2 000 万～2 500 万 m^2。为减少城区采暖期大气污染，热电厂及其配套的城市热网优先供应城区内危房改造区以及新建大型公共建筑用热。在开发建设和具备区域锅炉房供热条件的地区，坚持实行区域集中供热。力争“八五”期间，区域供热锅炉房供热面积增加 1 300 万～1 500 万 m^2，“九五”期间，再发展 1 500 万 m^2 以上，到 2000 年市区新建民用建筑基本实现集中供热。

争取国家定点、定量向北京供应低硫、低灰分优质煤。从外地调入低硫、低灰分的优质煤，把节能与推广型煤结合起来，提高民用型煤普及率。

加快改造炉、窑、灶，提高燃烧效率。确定重点排尘企业，实行行业总量控制，治理工业粉尘，提出限期治理计划。

市政、建筑施工工地要逐步做到不排尘、不扬尘，煤堆、灰堆和各种物料堆要采取入库、遮盖、喷水、喷洒覆盖膜和密闭清运等措施。继续扩大城市绿化面积和道路铺装面积，力争 1992 年二环路内，1995 年三环路内“黄土不露天”，2000 年山区宜林地全部绿化。

严格控制汽车尾气污染，从汽车制造厂家入手，要求出厂新车尾气排放达标，改善道路条件，减少机动车怠速时间。

2．水环境保护

进一步加强密云、怀柔水库等地面饮用水水源保护区和地下水源厂核心区、防护区的管理。密云、怀柔水库实行汛期封坝，在水库上游大面积营造水源涵养林，在水源防护区种植水源保护林。完成水源八厂万亩水源保护林建设，完善水源厂防护区内的污水管网。搬迁地下水源厂核心区内有污染的设施。减少地下水的过量开采，蓄养地下水源。协调河北、山西等有关部门统一研究官厅水库水源保护工作，限制上游污染严重工业发展，对上游污染实行总量控制，改善官厅水库水质。

重点整治潮白河、永定河、南护城河、通惠河上游、新开渠、莲花河、凉水河和清河上段，完善污水管网和污水截流系统。城市污水采取集中和分散处理相结合，大中小型污水处理厂相结合，污水截流与无害化处理相结合，保护水源、还清河道与污水资源化相结合的方针，重点建成高碑店大型污水处理厂及南部污水截流工程，在市区筹建肖家河、吴家村、郑王坟、小红门等中型污水处理厂，完善和建设城市上游地区如密云、怀柔、昌平、牛栏山等污水处理厂。严格执行企业水污染物排放总量控制和浓度控制制度，结合企业技术改造、污染企业搬迁和综合治理，减少工业废水排放量以及污染物排放量，提高工业废水处理率。有条件的工业企业充分利用污水资源，东郊第一热电厂、拟建的高碑店热电厂、南郊工业区及拟建的宋家庄热电厂等均可利用高碑店和方庄污水处理厂处理后的污水。

3．城市垃圾及工业固体废物处置

逐步实现收集、运输、分类密闭化，提高城市垃圾无害化处理能力，因地制宜，建设不同类型的垃圾处理厂。“八五”期间，建成 1 座垃圾焚烧厂，阿苏卫等 4 座卫生填埋场和堆肥厂，2 个垃圾转运站。

提高工业固体废物的综合利用能力和处理处置能力。大力推广资源综合利用技术，开拓应用新途径。建设工业有害废物管理中心及有害废物临时堆放场、填埋场及焚烧厂。

4．噪声与电磁波污染防治

结合工业噪声治理，污染扰民严重企业、车间搬迁，“八五”期间城区全部建成低噪声小区；改善道路交通条件缓解城市交通拥挤状况，严格执法，降低城市交通噪声。

加强空域规划，贯彻国家《电磁辐射防护规定》（GB 8702—88）的有关规定，加强射频设备的管理和治理，力争到 1995 年，大中型电磁辐射体对人体辐射危害和工科医等高频设备对广播电视的干扰两项指标三环路内达标，2000 年四环路内达标。

5．生态保护

保护农村生态环境。开展山区小流域治理，植树造林，力争“八五”期间，每年治理水土流失面积 250 km^2，沙荒地改造 1 000 hm^2 左右。加强乡镇企业环境管理，积极引导乡镇企业健康发展。

6．宏观对策与管理措施

各区制定经济发展和城乡建设规划的同时，相应制定环境保护规划，并搞好城市空间布局与功能分区；加强人口控制，人口的自然增长率控制在 8‰以内，有计划地疏散市区人口，严格控制在市区新、扩建企事业单位；大力加强城市基础设施建设，完善城市生态系统；调整产业结构和布局，积极发展适合首都特点的工业；加强环保应用技术的研究，促进环保产业发展；全面规划，统筹安排城乡生态系统，发展各种类型的生态农业，防治乡镇企业污染；在城区、平原区、山区因地制宜开展绿化建设，改善首都的大环境。

建立环境政策体系，在各类城市建设活动中充分体现合理利用资源和保护生态环境的要求；研究制定各领域环保相关法规、条例，完善环保法律体系，健全执法程序；以环境保护目标责任制和城市环境综合整治定量考核为"龙头"，初步建立起环境管理系统，签订"环保责任书"，逐步推行排放污染物许可证制度；新、扩、改建项目，必须执行环境影响评价和"三同时"制度、排污申报登记和验收制度；加强机构建设，健全三级管理、四级监督体系，理顺三个关系，完善环境管理体制。健全污染源监测网络及相应的管理制度，建立环境管理信息系统。通过多种方式，提高各级领导和广大群众的环境意识。

（四）实施情况

在城市建设和经济建设取得很大成绩的同时，全市环保工作围绕大气污染防治和饮用水水源保护两个重点，加强环境法制建设，顺应城市布局和经济结构调整的形势，基本完成了环境保护"八五"计划规定的重点任务，缓解了环境污染恶化的趋势。

为防治大气污染，市区和城镇烟尘控制区工作进一步得到巩固，市区烟尘控制区覆盖率达到 100%，积极发展集中供热和清洁燃料，加强了对机动车排气污染的管理，使大气污染没有随燃煤量增加和机动车数量增加而加速恶化。"八五"期间，加强了饮用水水源法制管理，修订了两库一渠管理办法，采取了一系列水源保护措施，保证了饮用水水源的水质清洁。随着城市道路的建设，城区交通噪声污染状况有所缓解，同时加强了施工噪声和社会生活噪声源的管理，区域环境噪声没有上升。

"八五"期间，污染治理投资超过 12 亿元，治理污染源 3 000 家，搬迁污染工厂、车间 70 余个，其中群众反映强烈的特钢南厂炼钢车间、第一轧钢厂、绝缘材料厂等均已停产或搬迁；部分行业和工厂还开展了总量控制和清洁生产审计试点工作。根据环境统计结果，"八五"末期工业污水处理率接近 90%，工业固体废物综合利用率超过 70%。

“八五”期间，治理水土流失面积 1 300 km^2，减少土壤侵蚀量 125 万 t；治理水土流失保存面积累积超过 3 600 km^2，占原有面积的 55%。全市林木覆盖率达 36.2%。初步建成生态农业实验示范点近 40 个。在全国城市环境综合整治定量考核中，北京连续六年保持了“十佳城市”称号。

五、“九五”环境保护计划和 2010 年远景规划

（一）制定背景

“九五”时期及未来十几年北京市的经济、人口将持续增长，城市将迅速发展，环境面临的压力也将越来越大。一是采暖期煤烟型污染、地面扬尘污染和汽车尾气污染仍然较为突出，采暖期市区二氧化硫、总悬浮颗粒物、氮氧化物等主要污染指标超过国家标准。二是水资源紧缺，城市河湖新鲜水补给减少；官厅水库及永定河引水渠水质已不能满足饮用水水源水质要求；仍有部分污水尚未截流而直接排入河道，下游水体污染更为严重，地下水资源持续过量开采，地下水水质下降。三是工业固体废物管理水平、处理处置和综合利用能力仍较低，城市生活垃圾逐年增加。四是农村地区耕地日趋减少，水土流失仍较严重。

为落实国务院关于《北京城市总体规划》的批复和总体规划中关于环境保护的要求，实施可持续发展战略，促进环境与经济的协调发展，1994 年 9 月，市计委、市环保局联合召开北京市环境保护规划会议，部署各区县和有关局（总公司）着手编制环保“九五”计划和 2010 年长远规划。1996 年 4 月，北京市“九五”重点专项规划《北京市环境保护“九五”计划和 2010 年远景目标》由北京市第十届人民代表大会第四次会议批准颁布实施；同年 7 月，国务院召开的第四次全国环境保护会议，做出了《关于加强环境保护若干问题的决定》，明确了跨世纪环境保护工作的目标、任务和措施；同年 9 月，依据第四次全国环保会议和国务院《关于加强环境保护若干问题的决定》提出的要求，市政府做出了《关于进一步加强环境保护工作的决定》，重新确定了环保目标，提出了新的环境保护措施。根据市政府决定，又对《北京市环境保护“九五”计划和 2010 年远景目标》进行了修订，并报送国家环境保护局。

（二）规划目标

修订后的规划总目标为：将北京建设成为生态环境达到世界第一流水平的国际城市。到 2000 年，污染物排放总量大大减少，环境污染得到有效控制，市区大气环境和水环境质量按功能区划达到国家规定标准。到 2010 年，环境状况全面好转，城乡生态环境向良性循环发展，城市经济、社会、人口、资源、环境呈现持续协调发展的良好态势，为生态环境质量达到国际一流水平奠定良好基础。规划明确了大气环境、水环境、噪声、固体废物、工业、生态等 6 大领域 21 项指标的不同阶段目标（见表 3-6）。

表 3-6　北京市环境保护“九五”计划主要规划指标

环境要素类	具体指标	2000 年	2010 年
大气环境	一类功能区（主要包括自然保护区和风景名胜区）	达到国家空气质量一级标准	保持良好的大气环境质量，全面满足国家要求
	二类功能区	达到国家空气质量二级标准	
水环境	密云、怀柔水库及京密引水渠等饮用水水源	水质保持清洁，并好于国家二级标准	保持良好的地表水环境质量，全面满足国家要求
	官厅水库、永定河山峡段及永定河引水渠	达到三级标准，力争达到二级标准	
	市区河湖	达到相应环境质量标准	
	城市下游河道水体	满足农灌要求	
	城近郊区地下水	水位下降和水质恶化的趋势得到控制并力争有所改善	—
	工业废水处理率	90%	95%
	城市污水处理率	60%	80%
噪声控制	城市建成区昼间噪声	55 dB	保持良好的声学环境质量
	区域环境噪声和道路交通噪声	按照功能区力争达到国家标准	

环境要素类	具体指标	2000 年	2010 年
固体废物	工业固体废物综合利用率	70%	80%
	工业固体废物处理处置率	20%	—
	危险废物管理率	100%	—
	城市垃圾无害化处理率	60%	90%
工业污染控制	所有工业污染源排放的污染物	达到国家和地方规定的污染物排放标准	—
生态环境	城市绿化覆盖率	35%	40%
	人均公共绿地	8 m^2	10 m^2
	全市林木覆盖率	40%	45%
	山区林木覆盖率	55%	—
	平原林木覆盖率	22%	—

（三）主要任务

1．大气污染防治

改善城市燃料结构，发展集中供热，提高能源效率。尽快引进陕甘宁天然气，建设好北京市内管网配套工程，集中解决规划市区居民炊事、取暖和公共服务事业以及部分工业燃煤污染问题，使三环路以内基本不再燃煤；增加优质煤或洗煤供应；发展多种形式的集中供热，使市区集中供热率达到 50%；增加电力供应，在北京外围河北、内蒙古煤炭资源丰富地区投资建设电厂，向北京供电，并增加华北电网向北京的供电，部分炊事和取暖以电代煤；继续发展型煤、炉前成型等煤炭利用技术，市区民用炉灶逐步停止燃用原煤，燃煤锅炉要使用高效除尘设备，大型锅炉要逐步采用脱硫等清洁煤技术；加强科研，开发节能产品，提高燃烧设备热效率，减少能量消耗；积极稳妥地发展低温核供热。

控制汽车尾气排放污染，逐步提高汽车尾气排放标准，发展汽车尾气净化装置，加强机动车年检及抽查工作；大力发展多种形式的公共交通，特别是加快发展地铁、轻轨等大容量快速便捷的公共交通工具；实施无铅汽油推广计划，完成燕化无铅汽油改造工程，研究开发机动车用清洁能源。

采取措施降低尘污染。实行总量控制，加强对工业、无组织排放尘的管理；冶金、电力和建材企业要加大治理污染力度，全面实施降尘削减计划；制定严格的建筑环境保护管理办法，加强建筑材料运输和施工现场管理；大力植树种草，提高绿化水平，减少土壤扬尘。

2．水环境污染防治

加强地表水饮用水水源保护，完善水源保护区的管理。在密云、怀柔水库及官厅水库上游大力植树造林，建设水土保持工程，减少水土流失。控制水库网箱养鱼，完善农家下水系统，治理点源，消灭垃圾堆。完善密云、怀柔等县城市污水处理系统的建设。结合首都地区生态环境建设的总体设想，参与制定周边地区的经济开发规划，协助上游地区搞好环境保护规划和污染控制。

合理开采地下水，采取人工回灌措施，增加地下水源补给量，改善地下水水质。在具备条件时，实施地表水地下水联调。搞好地下水源保护，完成水源第三、第四、第八水厂水源保护区的污水截流、管网建设和核心区有关防护措施。在水源补给区内，禁止污水灌溉，消灭污水渗井、渗坑。

实施南水北调工程，从根本上解决北京缺水的矛盾。要做好南水北调工程建设的前期准备工作。工程完成后，除补充生活及工农业用水外，还将为城市河湖提供数亿立方米的新鲜水源补给，减少开采或回补地下水。

加快污水处理厂和污水管网建设，截流城市生活和工业污水，还清市区主要河道。2000 年，城市污水管网普及率达到 80%左右，2010 年达到 90%以上。优先建设上中游污水处理系统，建设清河、酒仙桥、高碑店二期等二级污水处理厂，并积极建设顺义、吴家村、郑王坟、小红门污水处理厂。到 2000 年，城市污水处理能力达到城市排水量的 60%，2010 年，达到排水量的 80%以上。完善各污水流域的雨污分流系统，在部分重污染河段，如凉水河、通惠河下游等，建设若干河道曝气设施，提高河道自净能力。

狠抓节约用水，继续提高工业用水重复利用率，严格控制高耗水工业发展，电厂全部实现闭路循环用水。城市生活用水要加强管理，使用节水型设备。大力发展节水农业，推广喷灌、滴灌技术。努力促进污水回用，实现污水资源化。鼓励污水深度处理回用，除肖家河污水处理厂外，适度发展深度处理，2000 年力争回用城市污水 3 亿 m^3，2010 年回用量达到 4 亿 m^3。

3. 固体废物污染防治

加强工业、建筑业固体废物管理，扩大粉煤灰、冶炼废渣、锅炉渣、工业粉尘的综合利用。对工业危险废物实行严格登记管理，加快建设北京市工业危险废物集中处理厂。

提高城市生活垃圾管理水平和处理处置能力。大力发展密闭垃圾收集站和清洁车辆，做到垃圾清洁高效转运。逐步实行垃圾分类收集，加强废品回收工作，减少白色污染，提倡净菜进城。重点发展垃圾填埋工程，并逐步提高堆肥、焚烧的比重，建设北神树、安定、六里屯垃圾填埋厂，南官堆肥厂，方庄、董村等垃圾焚烧厂，大屯、郑王坟粪便处理厂，马家楼、五路居、高井等垃圾转运站。

4. 环境噪声控制

在点源治理和噪声达标区建设的基础上，结合城市大环境的改善，调整工业布局，继续将噪声污染严重的工业噪声源迁出市区，使城近郊区工业噪声源100%达标；增加环境噪声达标区面积；加强振动源治理；市区铁路和主要公路建设隔声屏障；加强城市交通管理，继续严格控制市区鸣笛；严格控制工地施工时间；加强餐饮娱乐服务业噪声污染源的管理。

5. 工业综合污染防治

突出首都特点，发挥首都优势，调整产业结构和布局，促进高新技术产业和第三产业的发展。努力转变工业增长方式，依靠技术进步，以能耗少、水耗少、物耗少、占地少、污染少和附加值高、技术密集程度高为原则改造传统产业。

工业企业要全面推行清洁生产，减少环境污染。工业污染控制要从末端治理向全过程控制、从分散治理向分散治理与集中控制相结合、从浓度控制向浓度控制与总量控制相结合转变。继续限期搬迁污染扰民严重的企业，完成市区100家左右企业的关停并转迁。加强工业开发区和远郊工业小区的规划建设和管理，建设配套的污染集中防治设施。加强乡镇企业污染防治和环境保护管理，在布局上要相对集中在工业小区中发展。

6. 城乡生态环境

以提高北京地区的绿化覆盖率、改善首都的大环境为出发点，逐步形成点、线、片、带相结合、城乡一体化、多层次的绿化体系。

市区和县城新建、扩建公园、绿地，发展垂直绿化，减少裸露地面。按照“分散集团式”城市布局，在市区中心地区与周围 10 个边缘集团之间规划建设九片绿化隔离地区和较大型的公园绿地，建设市区外缘的防护绿化环带，以及带状绿化网络。

平原实现高标准农田林网化和四旁绿化，加快五大风沙危害区的治理，并开辟一批森林公园。山区发展水源涵养林、水土保持林、防护林、风景林等，综合防治水土流失，保护农业生态环境。西部、北部山区全部实现绿化，与我国的“三北”防护林体系相衔接，形成首都西北部防御风沙的绿色屏障。在深山、远山地区建成几个自然保护区。在浅山、丘陵地区建成若干个各具特色的风景区和干鲜果品基地。

积极发展生态农业，保护和节约耕地，减少农药化肥施用量，综合治理和利用畜禽粪便，大力开发绿色食品，逐步改善农业生态环境，促进农业可持续发展。

7．环境管理

推行污染物总量控制，严格发放排污许可证。制定合理的产业政策，有效利用经济手段和市场机制，促进低耗、高效工业的发展，大力推行清洁生产。制定有效的节能、节水、资源综合利用的经济政策，推广低污染、高效能的能源技术和先进的汽车工业技术。完善大气、水、固体废物、噪声等一系列环保法规，严格执法监督。提高环境监测水平。充分发挥环保科技优势，研究推广环保新技术，大力发展环保产业。

8．公众参与

通过多种媒介和活动，开展环境保护教育，宣传环境保护政策、法规、环境保护最佳实用技术以及污染预防措施，普及环境保护科学知识，提高全民的环境意识。并通过多种渠道，提倡公众参与，共同保护环境。

（四）实施情况

“九五”期间，北京市在社会、经济全面发展的同时，以改善环境质量为根本任务，加大环境污染防治力度，超额完成国家下达的“九五”污染物排放总量控制指标，工业污染源提前实现达标排放，生态状况和环境质量有一定程度的改善。2000 年，市区大气中二氧化硫（SO_2）、氮氧化物（NO_x）、总悬浮颗粒物（TSP）、一氧化碳（CO）年日均值分别降到 0.071 mg/m^3、0.126 mg/m^3、0.353 mg/m^3、2.7 mg/m^3。整治后的城市中心区水系水质按功能区划基本达到国家标准，城市下游水体水质有所好转。建成区噪声达标区面积不断增加，放射性、电磁辐射环境保持在正常水平。各项目标完成情况（见表 3-7）。

表 3-7 “九五”期间计划目标完成情况表

环境要素类	具体指标	2000 年计划	2000 年实际	完成情况
大气环境质量	一类功能区（主要包括自然保护区和风景名胜区）	达到国家空气质量一级标准	除二氧化氮外，均超过国家标准	未完成
	二类功能区	达到国家空气质量二级标准	除二氧化氮外，均超过国家标准	未完成
水环境质量	密云、怀柔水库及京密引水渠等饮用水水源	水质保持清洁，并好于国家二级标准	II 类水质	完成
	官厅水库、永定河山峡段及永定河引水渠	达到三级标准，力争达到二级标准		未完成
	市区河湖	达到相应环境质量标准		—
	工业废水处理率	90%	99.5%	完成
	城市污水处理率	60%	40.6%	未完成
环境噪声	区域环境噪声和道路交通噪声	按照功能区力争达到国家标准	基本达标	完成
固体废物	工业固体废物综合利用率	70%	71.40%	完成
	工业固体废物处理处置率	20%		—
	城市垃圾无害化处理率	60%	81.5%	完成
生态环境	城市绿化覆盖率	35%	36.5%	完成
	人均公共绿地	8 m^2	9.7	完成
	全市林木覆盖率	40%	43%	完成

1．大气污染防治

燃煤污染控制：加快改善以燃煤为主的能源结构，积极引进陕甘宁天然气，同时鼓励使用热、电、轻质油等清洁能源，逐步淘汰燃煤炉灶。到 2000 年年底，北京市已有 4.4 万台茶炉大灶、6 700 台锅炉改用清洁燃料，天然气使用量接近 11 亿 m^3，热力采暖供热面积达到 5 000 万 m^2，实现电采暖 300 万 m^2，暂时不能改造的锅炉使用低硫低灰分优质煤 500 万 t。

机动车污染控制：大力发展地铁、轻轨等公共交通。1997 年推广使用无铅汽油，1999 年提高轻型汽油车排气污染物排放标准，并加强在用车治理和管理，2000 年年底有 40%以上的轻型汽油车达到或接近欧洲 20 世纪 90 年代初的排放水平；2000 年对重型车、柴油车、农用车、摩托车等实行了新的标准，新车和 18 万辆治理后的在用车污染物排放均达到新的标准。2.6 万辆出租、公交及环卫、邮政等车辆使用了清洁燃料，天然气公交车达到 1 300 辆。检查、维修制度不断完善，机动车尾气路检达标率由 1998 年的 40%提高到近 90%。

控制扬尘污染：坚持市区绿化和裸露地面的综合整治，“拆违还绿” 200 多 hm^2。市区绿化隔离带片林达到 65 km^2，四环路百米绿化带工程进展顺利。市区大多数工地达到围挡、路面硬化、洒水、不遗撒等环保要求，道路机械清扫、洒水面积增加到 1 300 多万 m^2。

工业污染治理：淘汰数十家“十五小”企业和 15 条小水泥生产线，并结合城市用地调整和污染防治，74 家企业由市区迁出。制订了 1997—1999 年污染扰民限期治理计划，确定并实施了 1 128 项治理项目，到 2000 年 5 月底，除少数企业停产治理外，北京市工业污染源全部实现达标排放。

2．水污染防治

着重抓好水源保护工作，密云、怀柔水库通过加强执法、库区移民、建设围网、生物病虫害防治、水土保持、种植水源涵养林、排水管网建设等措施，使密云、怀柔水库水质继续保持清洁；完善自来水厂水源防护区内的污水管网，消除污染隐患，地下水水源水质安全稳定。

高碑店污水处理厂一期工程（50 万 t/d）正常运行，二期工程和方庄、北小河、酒仙桥等污水处理厂相继建成，市区污水处理能力（二级）达到 128 万 t/d 左右。1997 年启动城市中心区水系整治，基本实现了水清、岸绿、流畅、通航的治理目标，城市下游水体水质明显改善。远郊区县污水处理厂建设进展顺利，在密云污水处理厂一期正常运转的基础上，郊区城镇怀柔、大兴污水处理厂建成运行。

3．其他领域污染防治

“九五”期间，噪声达标区建设不断加强，城市建成区噪声达标区面积稳步增加，2000 年达标区覆盖率已达到 71.5%。强化了居民住宅楼一层的餐饮、娱乐设施的管理和治理，建设、环保部门加大了对施工扰民噪声的监督执法力度，实行了交通干道两侧住宅安装隔声窗的规定。

到 2000 年，危险废物全部得到安全处理处置，实行了联单管理，并建成 5 000 t/a 处理能力的集中处理设施。城市生活垃圾清运量达到 300 万 t/d 左右，在高碑店建成第一座粪便无害化处理厂。

放射性废物、废源全部得到安全处理处置，放射性源管理不断加强，成立了北京市辐射环境管理中心，对全市电磁辐射环境进行了全面调查，重点检查了 80 多家主要核技术应用单位，并开展了放射性环境监测工作。

4．生态建设与保护

平原 93%的农田实现了林网化，累计治理水土流失面积 3 900 km^2，治理率接近 60%。南口、康庄等五大风沙危害区共治理沙化土地 20 万 hm^2，营造防风固沙林 4.4 万 hm^2。制订了《北京市自然保护区发展规划》，北京市建成各级自然保护区 17 个，总面积达到北京市国土面积的 5.27%。

7 个远郊区县被列为国家重点生态建设区县，延庆区被国家环境保护总局命名为生态示范区。北京市农田节水灌溉面积超过 25 万 hm^2，绿色食品基地面积 1.2 万 hm^2，化肥、农药使用量趋于合理，畜禽养殖业对于大气、水体的污染受到重视。

5．环境管理

市人大修订了《北京市密云水库怀柔水库和京密引水渠水源保护管理条例》，颁布了《北京市实施〈中华人民共和国大气污染防治法〉办法》。市政府修订了《北京市环境噪声管理办法》，颁布实施了《北京限制销售使用塑料袋和一次性塑料餐具管理办法》等政府规章，制定了有关机动车排气、锅炉燃煤排放、煤及煤制品等地方排放标准。“九五”期间，累计颁布 3 项环境地方法规、14 项政府规章和 17 项严于国家标准的地方环境标准，初步形成了适应市场经济体系的环境法律和标准体系。

扩建了大气自动监测子站。1998年向公众公布了北京市环境状况公报和市区空气质量周报，1999年又开展了空气质量日报工作。加强了机动车尾气监测和燃煤质量的监督监测能力，开展了大气污染与气象、大气污染物远距离传输、颗粒物源解析、北京大气污染控制对策等重要课题研究，取得了阶段性成果，市环保局还建立了政府环境保护网站。

努力完善环境保护投资、融资机制，为环境质量改善提供了资金保障。“九五”期间，北京市环境保护投入有较大幅度增加，环境保护投入近340亿元，占国内生产总值的3.3%，比“八五”期间提高1.3个百分点。使用了5.5亿美元的国外金融组织贷款和大量国外政府贷款。“九五”期间，城市垃圾、污水收费，市政设施全面转入企业化运营。

六、“十五”环境保护计划和2015年长远规划

（一）制订背景

1998年国家将北京作为唯一重点污染防治城市，纳入了全国环境污染治理“33211”工程，并于年底实施控制大气污染紧急措施；1999年国务院对《北京市环境污染防治目标和对策（1998—2002年）》（以下简称《目标和对策》）作了批复，同意《目标和对策》，要求北京市认真组织实施，并指出：改善首都的环境质量，不仅关系国家的声誉和民族的形象，也关系广大群众的身体健康和生活质量。

北京市面临的突出环境问题是：大气污染超标严重，2000年总悬浮颗粒物、可吸入颗粒物、二氧化硫浓度年日均值分别超标76.5%、62.0%、18.3%；水资源紧张和水污染严重的矛盾依然没有解决，仍有一半以上河段不符合相应功能的水质标准，上游来水水质恶化、水量锐减，城市污水处理率偏低；危险废物每年仍有数千吨排入环境，市区垃圾分类收集、处理工作刚刚起步；工业污染物排放量在排放总量中仍占较大比重，特别是市区西部的冶金、电力、建材生产和东南部的化工、电力生产，严重影响了城市的环境质量；另外，植被覆盖率仍然不高，山区水土流失保存治理面积仅为总面积的1/3。

随着国民经济社会的发展和奥运设施建设的逐步展开，预计“十五”时期城市建成区面积、人口规模、能源与资源消耗总量、机动车保有量、

城市需水量、施工规模等可能影响环境质量的诸多因素，仍将缓慢增长或维持在目前水平。由于“九五”时期采取的各项措施继续延续，进一步加大经济结构调整、城市基础设施建设的力度，加强工业污染防治和绿化等工作，生态状况将会有所改善。

根据《北京市国民经济和社会发展第十个五年计划纲要》的精神和举办奥运会的需要，市发展计划委员会和市环保局共同组织编制了《北京市“十五”时期环境保护规划》，并于2001年12月正式印发。

（二）规划目标

规划的总体目标为：到“十五”末期，北京市重要水体、城市地区大气及声环境的主要监测指标达到国家环境质量标准；主要污染物排放总量大幅下降；城市和郊区生态系统初步实现良性循环，经济、社会和环境持续健康协调发展。

主要环境保护目标：

大气环境——到2005年，北京市二氧化硫、二氧化氮年日均值低于国家空气环境质量二级标准，夏秋季节臭氧污染大大减轻；在环京津地区整体生态状况明显改善的条件下，总悬浮颗粒物、可吸入颗粒物年日均值达到国家标准。届时，市区空气污染指数二级和好于二级的天数达到75%左右。

水环境——到2005年，密云、怀柔水库水质继续符合相应国家标准，官厅水库基本恢复饮用水水源功能，郊区城镇饮用水水源水质符合相应国家标准。平水年，有天然径流的地表水体、城市中心区水系水质按功能区达到国家标准，无天然径流的下游地表水体水质有所改善；平原局部地区地下水水质恶化趋势得到控制。市区和卫星城城市污水处理能力（二级）达到排水量的90%。

固体废物与危险废物——到2005年，危险废物全部得到妥善处理处置，工业固体废物综合利用率达到80%；城市生活垃圾资源化率达到30%，分类收集率达到50%，市区和卫星城生活垃圾无害化处理率达到98%。

声环境——到2005年，城市建成区噪声达标区覆盖率达到72%，道路交通噪声有所改善。

电磁辐射环境——“十五”时期，实现电磁辐射环境规范化管理，电磁辐射环境符合国家环境质量标准。

放射性环境——“十五”时期，实现放射性环境规范化管理，环境放射性水平符合国家环境质量标准。

工业污染——“十五”时期，北京市工业污染源做到稳定达标排放，在 2000 年的基础上，北京市工业烟尘排放量削减率不低于 30%，二氧化硫、粉尘排放量削减率不低于 50%。四环路以内 150 家左右的企业实现调整搬迁。

生态保护与建设——“十五”时期，山区水土流失治理程度达到 56% 以上，风沙危害区沙荒地治理率达到 100%，潜在沙化土地治理率达到 60%。北京市城市绿化覆盖率达到 40%，林木覆盖率达到 48%，基本形成山区、平原地区和市区绿化隔离带三道绿色生态屏障。新建自然保护区 15～20 个，自然保护区总面积占北京市国土面积比例达到 8%。

污染物排放总量——国家环保总局核定北京市 2000 年化学需氧量（COD_{Cr}）、氨氮、二氧化硫、烟尘、工业粉尘排放总量分别为 17.85 万 t、3.80 万 t、22.40 万 t、10.03 万 t、9.37 万 t，相同统计口径下，2005 年将不得高于 13.0 万 t、3.10 万 t、17.81 万 t、9.00 万 t、5.90 万 t。按 2005 年环境质量目标，各种污染物的排放总量必须在国家要求基础上进一步削减，相同统计口径下，2005 年北京市化学需氧量、二氧化硫、烟尘排放总量削减率均不低于 40%，工业粉尘削减率不低于 50%；市区削减率分别不低于 40%、50%、50%、60%，北京市氨氮排放总量削减率约 20%。同时，完成国家下达的工业固体废物排放总量控制指标。

（三）主要任务

1. 大气污染防治

在燃烧源污染控制方面，完成第二条陕京天然气长输管线建设，6 000 台 20 t 以下燃煤锅炉改用燃气或其他清洁能源；高井电厂进行燃气改造；市区不再新增燃煤设施，有条件的郊区城镇地区加快建设输配气管网。积极引进电力资源，补充能源增长需求并发展电采暖；推广地热、太阳能和生物质能的利用，杜绝远郊区县焚烧秸秆现象。新建草桥、扩建双榆树燃气供热厂及小型天然气联合循环热电厂，全市不再新建燃煤电厂、热电厂；无使用清洁能源条件的郊区城镇以发展集中供热为主，原则上不再批准新建单独燃煤采暖锅炉房。市区和郊区卫星城、中心镇所有燃煤锅炉全面推广使用低硫低灰分优质煤，市区保留的燃煤电站锅炉、大型集中供热锅炉、工业锅炉（20 t 以上），全部采用低硫优质煤，安装高效脱硫、除尘装置。

在机动车污染防治方面，实施公交优先战略，大力发展轨道交通和公共交通。2003 年轻型汽油车开始执行相当于欧洲Ⅱ号标准的排气污染物排放标准，2005 年开始执行相当于欧洲Ⅲ号标准的排气污染物排放标准，组织销售达到与实施严格排气标准相对应的车用汽油。实行环保标志管理，未取得环保标志的本市机动车不得上路行驶。继续强化检查/维修制度，建立包括尾气检测项目的车辆维修质量监督保证体系。加快老旧车辆的淘汰，2005 年之前，力争淘汰 1990 年以前（含 1990 年）投入使用的 40 万辆机动车。加强环保与交通管理部门联合执法力度，确定出的高排放车型不定期公布于众，并制定相应限行政策。鼓励使用清洁燃料车、燃料电池车和电动汽车等。

在扬尘污染控制方面，加强建筑材料运输和施工工地管理，加强道路交通扬尘的防治。2002 年年底前基本消灭市区建成区的裸露地面，2005 年年底前基本消灭郊区城镇建成区的裸露地面。全市范围内规范采石、采砂，五环路以内畜禽养殖场全部迁出或关闭，全市范围内禁止随意焚烧垃圾、枯草、树叶、麦秸，城市地区禁止露天烧烤；2005 年年底前，城市地区餐饮业油烟全部治理达标排放。

在工业污染防治方面，继续推进企业清洁生产、技术进步工作。调整工业产业结构和布局，发展高新技术产业和都市型工业。2005 年之前首钢石景山厂区停产所有烧结机、1 座高炉、3 座焦炉，料场全部封闭。完成东南郊地区焦化厂、化工实验厂、精细化工厂、染料厂等企业的调整、搬迁，在远郊区县建设精细化工基地。完成四环路内约 150 家企业的调整搬迁工作。完成利用生产过程中产生的余热、余压和二次能源工程，建设污水处理厂、3#焦炉干熄焦、焦炉煤气脱硫等 17 个重点项目。全市水泥立窑生产全部取消，加快完成琉璃河水泥厂 2 000 t/d 生产线技术改造工程，不再扩大水泥生产规模。完成全市重点工业污染源自动监控系统。

在光化学污染控制方面，2005 年之前，加油站、储油库及炼油企业要实现油气的密闭回收；2003 年之前，年吞吐量 10 万 t 以上的储油罐均建成油气回收装置；2005 年之前，年吞吐量 5 万 t 以上的储油罐均建成油气回收装置。严格控制有机涂料和有机溶剂的使用。

2．水污染防治

在饮用水水源保护方面，加强与上游地区的协作，保证密云、官厅水库来水水质、水量。在潮河入境、官厅水库出水等断面建立完善水质自动监测系统。完成密云、怀柔水库及官厅水库上游境内水源保护地区水土流失面积治理，密云区建成“无化肥县”。严格控制水源保护区内各种生产经营和度假、旅游活动，饮用水水源范围禁止网箱养鱼。以恢复饮用水水源功能为目标，完成官厅水库整治工作。对妫水河流域、门头沟山峡段实行水污染物总量控制。2005 年，基本完成市区和郊区城镇污水处理厂和污水干线建设，继续加强对工商业点源、农业面源和储油设施的管理，市区地下水源防护区内不再新建加油站。水源八厂保护区继续实施生态农业、水源涵养林、村镇生活污染物治理等措施，并建成万亩水源防护林。主要城镇要划定当地地下饮用水水源保护范围，以加强城镇基础设施建设和生态农业建设为主，防治城市污水和农业面源对地下水的污染。“十五”时期逐步停止水源补给区的污水灌溉，结合小城镇建设消灭污水渗井、渗坑。

在合理开发和利用水资源方面，继续加强节水工作，推行农业节水、工业节水、生活节水措施，推广节水器具，合理上调自来水价格、确定再生水价格。建设酒仙桥、清河、北小河等 7 座中水处理工程及相应管线。2005 年，用于工业用水、市政杂用、回补河道等方面的再生水达到 3 亿 m^3 左右。做好拦截汛期雨洪及回灌工作，结合山前绿化、城市西部砂石料场整治及绿化，补充、涵养地下水源。结合工农业结构调整，合理开采地下水，地下水漏斗中心区要严格控制地下水开采量。在非用水高峰期，实行地表、地下水联合调度，以涵养地下水源。充分利用水库蓄水、调节能力，合理利用水库弃水，在保证自来水厂供水的前提下，补充市区景观河湖和下游主要地表水体新鲜水，力争市区中心区水系等主要水体的水质按功能区达标。“十五”期末，平水年北京市主要地表水体稳定补充新鲜水达到 4 m^3/s。

在城市污水处理设施建设方面，继续实施市区坝河、清河、凉水河、北环水系的综合整治，基本完善市区污水处理系统。到 2005 年，建成肖家河、北小河（二期）、清河（一、二期）等城市污水处理厂，污水处理能力达到排水量的90%。建设门头沟、延庆（二期）、顺义（二期）等城镇污水处理厂，到 2005 年郊区卫星城污水二级处理能力达 40 万 m^3/d 左右。50%以上的中心镇建成一级或二级集中污水处理厂。加强城市污水处理厂建设和运行中的环境管理，并实行在线监控。

在流域总量控制方面，远郊区县通过减少化肥施用、控制农田径流、加强畜禽粪便处理、垃圾管理等措施，削减入河污染物量。加强流域合作，实施流域水污染物排放总量控制，保证海河流域各河道国控断面水质达标。

3．固体废物管理

建立健全固体废物管理中心，落实统一监督管理职能。建立危险废物交换网络，实行严格的申报登记制度、联单管理制度及危险废物经营性设施许可证制度。鼓励工业危险废物采取有效措施就地安全回收与处理，不能就地处理的全部集中处理处置。完善北京水泥厂危险废物集中处理设施，严禁新建危险废物小焚烧、小填埋、小回收装置，保留设施全部安装在线监测仪器。

结合能源结构调整和产业调整，继续提倡源头削减，降低燃煤炉渣、钢渣等废物产生量，严格控制工业固体废物排放。建设煤矸石制砖等生产线，重点提高煤矸石的综合利用率。加强水处理污泥的处理、消纳和管理，城市污水处理厂污泥处理处置率达到 100%。建成电子废物收运体系和集中处理系统。

继续推进垃圾减量化、资源化和无害化工作。按区域组建、完善以市场机制运行的城市生活垃圾收集、运输、处理处置公司，市区城乡结合部和郊区村镇生活垃圾纳入区域管理范围。全面实行垃圾分类收运处理制度，建立区域分类处理体系化。促进城市生活垃圾和商业废物分类回收工作，鼓励有利于环境的简易包装，鼓励净菜进城，减少一次性物品的使用。提高垃圾处置和二次污染防治水平，禁止建设简易垃圾焚烧装置，已建成的在 2002 年年底前限期整改，建成的垃圾处理处置设施要保证正常运行，新建高安屯、丰台、董村等处垃圾无害化处理设施。2005 年市区和卫星城生活垃圾力争全部得到无害化处理处置，50%的中心镇建成简易或无害化处理设施。所有垃圾焚烧装置实行在线监控。

4．噪声污染防治

合理进行城市和社区规划，继续扩大建成区噪声达标区覆盖率。在必要路段建设隔声屏障、降噪结构和低噪路面。严格执行临街建筑安装隔声窗的有关规定。

加强夜间进城的大型货车管理，控制其行驶路段和速度。四环路内禁止机动车鸣笛。城市建成区敏感地段禁止列车鸣笛，建设幸福北里、夕照寺西里铁路路段隔声屏，完成西长线石景山段铁路两侧 30 m 内的居民搬迁。妥善解决首都机场周围的航空噪声扰民问题，重视机场扩建工程中的噪声控制问题。

禁止在居民区特别是居民楼内新建可能出现噪声扰民问题的餐饮、娱乐类企业和其他设施，已建成的 2002 年年底前限期治理达标或停止使用。继续严格管理施工工地噪声，推广使用低噪施工方法和器具，严格控制夜间施工，加大违法处罚力度。

5．电磁辐射污染控制和放射性环境管理

建成辐射环境管理中心，落实统一监督管理职能。制订完善地方性辐射环境法规和地方性放射性废物管理办法，加强现有电磁辐射污染源和放射性源、放射性废物的申报登记和新建项目的审批工作，建立数据库系统。有计划地开展电磁辐射环境管理、监测工作，建立电波暗室、监测实验站、环境监测车、环境管理地理信息系统、传播模型等。对管理不符合要求的放射性污染源实行限期治理。建成集中放射性废物库，除中国原子能研究院之外的单位放射性废物全部集中处理处置。建成放射性环境实验室。建立核事故和放射性污染应急响应系统，配备专业队伍和设备。

6．工业污染防治

继续推进企业清洁生产、技术进步工作，在保证稳定达标的基础上进一步削减污染物排放量。鼓励企业参加 ISO 14000 环境管理体系认证，2005 年大中型企业力争全部完成 ISO 14000 环境管理体系认证工作。

调整工业产业结构和布局，发展高新技术产业和都市型工业，控制市区工业污染。2005 年，高新技术产业、传统产业和都市型工业在工业产业结构中的比重分别由 2000 年的 29%、53%、18%调整到 40%、40%、20%。

所有保留的电站锅炉采取相应治理措施，继续加强郊区企业和工业园区的管理。

完成重点工业污染源自动监控系统，凡年排水量 72 万 t 以上的安装污水流量计，年排放 COD 在 500 t 以上的安装 COD 在线监测仪；20 t 以上燃煤锅炉安装二氧化硫、烟尘在线监测仪（电站锅炉另加装氮氧化物在线监测仪）；所有水泥窑安装粉尘在线监测仪。

7．生态保护与建设

2002 年制订北京市生态保护规划和相关管理办法，划定特殊生态功能区、重点资源开发区、生态良好区，以及禁垦、禁伐、禁采区，开展有关抢救、恢复和保护工作，禁止生态破坏活动。加强自然保护区建设，建成小龙门、密云水库等 15～20 个自然保护区。继续组织区域生态状况和生物多样性调查，制订生物多样性保护计划。加强湿地、天然次生林等生态系统的保护，建设珍稀物种保护工程。

修订完善农业发展规划，进一步调整农业经济结构，改善农村地区生态环境。开展秸秆气化村、秸秆生物发酵饲料厂试点工作并组织推广。2005 年，北京市有机肥使用量（按纯氮量计算）占肥料总量的 40%。实行退耕还林、“留茬免耕”等控制扬尘措施，加强农田林网建设、水利建设。

实施重点地区生态建设工程。山区实施造林、修坝、建设小型水利工程和田地改造、封山育林、退耕还林还草工程，山区造林 7.2 万 hm^2；治理山区水土流失面积 2 100 km^2，治理程度达到 56%以上。2005 年前沙荒地再营造固沙林 1.3 万 hm^2，综合治理潜在沙化土地 6.5 万 hm^2。2005 年，平原地区林木覆盖率达到 25%，山区林木覆盖率达到 70%。合理实行再生水农田灌溉，加强湿地的保护和利用。加快环京津地区与首都生态圈有关的防沙治沙工程及环境污染防治工程建设。

8．奥运建设和活动中的环境保护

组织实施申办过程中提出的有关规划选址、清洁能源、清洁交通、废物管理等 10 项环境保护措施，保证措施技术先进、经济有效并发挥示范作用。

9．管理保障

充分发挥环境保护统一监督管理作用，将环境保护纳入国民经济和社会发展年度计划。完善地方环保法规标准体系并加大执法力度。结合“绿色奥运”主题，开展多种形式的环境宣传教育和公益活动，完善环境状况报告制度，提高公众环境意识。巩固完善环境综合整治目标管理责任制、环保专项行政监察、环境影响评价和“三同时”制度等各项环境管理保障制度。“十五”时期，基本形成环境保护经济政策体系，环境保护总投入不低于同期国内生产总值的 4%。大力发展环保产业，到 2005 年，初步形成本市环保产业基地。组织实施“绿色奥运”管理计划，将环境保护要求渗透到举办奥运会整个过程的各个环节。

（四）实施情况

“十五”时期，在城乡建设、经济建设平稳较快发展的同时，本市认真落实科学发展观，坚持可持续发展战略和人与自然和谐原则，建立起市委、市政府领导下的环保部门统一监管、有关部门团结协作、广大市民积极参与的长效工作机制，环保工作以改善环境质量为中心，以防治大气污染为重点，进一步得到拓展和加强，主要污染物排放总量控制计划基本完成，城市环境质量逐步改善，城乡生态系统趋于良性循环。

1．大气污染防治情况

空气质量明显改善。通过实施控制大气污染第五至第十一阶段措施，市区空气质量二级和好于二级的天数由 2000 年的 177 天增加到 2005 年的 234 天，提高近 16 个百分点；2005 年市区大气中二氧化硫（SO_2）、二氧化氮（NO_2）、可吸入颗粒物（PM_{10}）、一氧化碳（CO）年均浓度分别为 0.050 mg/m^3、0.066 mg/m^3、0.142 mg/m^3、2.0 mg/m^3，与 2000 年相比，分别降低 29.6%、7.0%、12.3%和 25.9%。其中二氧化硫浓度 2004 年首次达到国家二级标准。

煤烟型污染防治效果显著。大力引进和发展清洁能源，2005 年天然气用量增加到 32 亿 m^3，城市热力集中供热面积超过 1 亿 m^2，各类电采暖面积达到 1 000 多万 m^2；市区 1.6 万台 20 t 以下燃煤锅炉 80%已改用清洁能源。

机动车污染防治取得明显成效。积极实施公交优先战略，天然气公交车达到 2 700 多辆。2005 年提前实行了国家第Ⅲ阶段排放标准；实施了机动车环保标志管理，机动车尾气检测全面改为更严格的简易工况法，并强化路检、抽查和进京车辆检查；对高排放车辆采取限行措施。

淘汰老旧机动车 30 多万辆。

不断加大扬尘污染控制力度。强化了工地扬尘监管，提高车行道机扫、冲刷和喷雾压尘面积，加强城市绿化，对农田采取“留茬免耕”、保护性耕作。

工业污染防治和产业结构调整取得进展。市区迁出企业百家以上；北京化工厂、染料厂等企业完成调整搬迁工作；首钢调整搬迁已经启动；郊区水泥立窑全部关停，石灰厂、砖瓦厂、砂石料场等粉尘污染严重的企业逐步关停。

2．其他污染防治情况

继续加大密云、怀柔水库等地表饮用水水源水质监管力度，取缔了违法建设、旅游、餐饮和网箱养鱼，关停上游小矿山。加强地下水水源防护区内农村环境卫生设施建设，初步划定主要城镇地下水水源保护区。密云、怀柔水库水质一直符合国家标准，北京市地下水水质基本稳定。加快城市污水处理系统建设，2005 年，城八区和郊区城镇污水处理率分别达到 70%和 40%。开展了大规模城市河湖水系综合整治工程，污水管网普及率有所提高，部分河道实现了“水清、流畅、岸绿”。上游地表水体基本保持清洁，下游水体有所改善。节约用水和污水资源化工作取得进展，年均节水量超过 1 亿 m^3，年再生水回用量达到 2.6 亿 m^3。

切实加强城市噪声控制。重新调整了城市声环境质量标准适用区域，初步划定了首都机场周围飞机噪声环境标准适用区域。四环路交通噪声专项治理、重点路段隔声窗与隔声屏障建设、城市地区铁路限鸣等措施效果明显，施工噪声、商业噪声、餐饮娱乐业噪声的检查和治理得到加强。“十五”期间，城市建成区区域环境噪声和道路交通噪声水平基本稳定。

完善固体废物管理。2005 年，中心城与农村地区生活垃圾无害化处理率分别达到 95.2%和 46.6%。工业固体废物综合利用工作得到加强。危险废物监管机制不断完善，落实了许可证、转移联单等管理制度，建立了污染源和处置利用单位的报告、检查制度，制定实施了危险废物处理处置设施建设规划。2005 年建成日处理能力 60 t 的两座医疗废物集中处理设施。2003 年春夏“非典”期间，开展了针对环境污染防治和环境安全的监管工作，未因环境问题造成疾病传染和不良影响。

基本确立了辐射环境管理体制、机制。开展了“清查放射源让百姓放心”专项行动，重点涉源单位得到有效监管，废放射源和放射性废物得到及时安全收贮。对电磁辐射环境建设项目进行了审批和监管，查处了部分违法建设单位，加强了辐射环境与污染源的监督和监测，开展了高压输变电系统电磁辐射水平研究。“十五”期间，北京市电离辐射环境质量和电磁辐射环境质量保持在正常水平。

3．生态保护与建设取得显著成果

山区、平原、城市绿化隔离地区三道绿色生态屏障基本形成，城市集中绿地建设以及道路、单位庭院、居住区等绿化工作取得进展。北京市林地总面积达 105.43 万 hm^2，森林覆盖率达到 35.47%，林木覆盖率达到 50.5%，城市绿化覆盖率达到 42.5%。五大风沙危害区得到有效治理，共营造防风固沙林 7.33 万 hm^2。北京市已治理山区水土流失面积近 3 500 km^2。

生物多样性保护工作取得进展。2005 年，北京市已有各级自然保护区 20 个，总面积占北京市国土面积的 8.3%，自然保护区管理机制逐步完善。初步建立了 26 个风景名胜区。

农业和农村环境保护工作得到加强。2005 年，郊区裸露农田基本完成了“留茬免耕”作业，并达到了 6.7 万 hm^2 保护性耕作能力；80%以上的农田进行了节水灌溉改造。农村面源污染控制取得初步成效。建成大兴、密云、平谷、怀柔生态农业示范县和延庆、平谷、密云国家级生态示范区，创建了 9 个国家级环境优美乡镇、35 个市级环境优美乡镇和 190 个市级文明生态村。

4．环境管理

将环境污染防治和生态保护建设纳入为群众办实事年度计划，在《北京城市总体规划（2004—2020 年）》中充实和突出生态与环境保护内容，基本形成部门联合执法与协作机制、适应市场经济体制的城市基础设施投融资机制。“十五”期间，北京市环境保护投入超过 720 亿元，占同期 GDP 的 3.2%。

建立了突发环境事件、放射性污染事故以及核设施风险的应急预案，形成了全面预防、快速反应、妥善解决的管理机制和能力。

严格执行大气、水污染防治法等环保法律法规，出台了《锅炉污染物综合排放标准》等多项大气环境标准，着手建设工地视频监控和城市污水处理厂出水自动监测系统。

"十五"时期，各类环保政务全面上网公开，科学民主决策机制初步确立。清洁生产、ISO 14000 环境管理体系认证、循环经济等工作陆续展开，制定和实施了一批经济激励政策。

七、"十一五"环境保护和生态建设规划

（一）制订背景

"十五"以来，北京市环境质量和生态状况虽然明显改善，但与国家标准、"绿色奥运"要求以及"宜居城市"目标相比，还有较大差距，突出问题为：一是历史遗留问题未彻底解决，城市快速发展又给环境质量改善带来了新的压力，大气污染呈现复合型、压缩型特征；二是水资源短缺和水环境污染同时存在，特别是由于缺乏新水补给，达标河流长度、达标水库库容和达标湖泊容量比例偏低，尤其是城市下游水质较差；三是城市环境污染防治任务艰巨，噪声污染投诉比重仍高达 40%以上，危险废物和医疗废物集中处置设施能力不足，处理处置技术水平不高，工业固体废物仍有大量堆存，生活垃圾处理以填埋为主，资源化水平低，大量非正规垃圾堆放场直接威胁地下水水质安全，放射性和电磁辐射污染源种类多、数量大、增长快，安全隐患较多；四是生态系统脆弱且安全保障体系不完善，山区森林资源总量不足、水土流失比较严重，平原地区风沙危害依然存在，市区绿地总量不足，城乡结合部地区绿地系统建设相对滞后。

"十一五"时期，一方面，北京存在不利自然条件和区域生态退化问题；另一方面，随着社会经济发展以及筹办第 29 届夏季奥运会，预计城市建成区面积、人口、能源与资源消费总量、机动车保有量、城市需水量、施工规模等仍将继续增长，由此带来的环境压力在短期内不会显著缓解。

为促进首都社会经济全面协调可持续发展，成功举办 2008 年奥运会，依据《北京城市总体规划（2004—2020 年）》和《北京市国民经济和社会发展第十一个五年规划纲要》对北京市环境保护提出的目标和原则，制订了《北京市"十一五"时期环境保护和生态建设规划》，该规

划是北京市综合性重点规划，于2006年首次由北京市政府印发。

（二）规划目标

规划提出的总体目标为：2008年，在环京津地区环境质量和生态状况总体有所改善的情况下，城市环境质量和郊区整体生态环境质量明显改善，为奥运会提供清洁、优美的环境；2010年，城市环境质量按功能区划基本达到国家标准，全市环境建设和生态建设继续加强，为建设“宜居城市”和“生态城市”奠定基础。

规划的具体目标涉及9个方面：

大气环境质量——2008年奥运期间，二氧化硫、二氧化氮、可吸入颗粒物和臭氧指标达到WHO指导值或发达国家大城市水平；2010年中心城大气环境质量基本达标，二氧化硫、二氧化氮年均浓度达到国家标准，可吸入颗粒物年均浓度基本达到国家标准，臭氧超标情况有所遏制。

水环境质量——2008年，主要饮用水水源水质稳定达标，中心城和新城城市水系水质明显改善。2010年，主要地表饮用水水源水质保持达标，官厅水库初步恢复饮用水水源功能；全市地表水体化学需氧量、氨氮等水质指标有所改善，中心城和新城城市水系水质平水年基本达到国家标准；平原地区地下水超采和局部污染的局面有所好转。

声环境质量——城市建成区区域环境噪声和城市主要道路交通噪声基本稳定，局部地区声环境质量有所改善。

固体废物——2008年，中心城生活垃圾无害化处理率达到98%，郊区达到65%；生活垃圾分类收集率达到50%，生活垃圾资源化率达到30%，危险废物安全处理处置。2010年，中心城生活垃圾无害化处理率达到99%，郊区达到80%；生活垃圾分类收集率达到60%；工业固体废物综合利用率达到80%。

辐射环境——电离辐射、电磁辐射环境质量保持在正常水平，公众照射水平控制在国家标准限值之内。2008年废放射源、放射性废物实现集中安全收贮，2010年之前实现放射源全过程有效安全监管。

主要污染物排放总量控制——2010年，全市烟粉尘、二氧化硫和化学需氧量分别在2005年的基础上削减15%、20%和15%左右，到2010年分别控制在7.7万t、15.2万t和9.9万t以下。

生态保护与建设——2010年，城市建成区绿化覆盖率达到45%；

全市林木覆盖率达到53%，森林覆盖率达到37%；自然保护区面积达到全市国土面积的10%以上；山区水土流失有效治理面积达到70%以上。

农村与农业环境保护——2010 年，郊区农业污染综合治理率达到80%；农业废物资源化综合利用率达到90%；大型养殖场粪便污染综合治理率达到80%以上，其中规模化猪场粪便污染全部实现综合治理。

环境监控——到 2010 年，完善由国控点、市控点和区县辅助测点组成的空气质量自动监测网络，建立主要大气污染物区域总量和区域传输监测支持系统。扩建地表水环境质量自动监测站，形成自动监测与手工监测相结合的地表水环境质量监控系统；建立重点地区地下水源水质监测系统。建立声环境自动监测系统和固体废物管理信息系统。初步建立辐射环境自动监测系统（2008 年前完成重点地区自动监测站的建设）和辐射源管理信息系统。初步建立以遥感、地理信息系统和全球定位系统（即 3S 技术）为支撑的全市生态环境监测系统；初步建立全市土壤监测系统。2010 年之前建成重点污染源自动监控系统，实现重点污染源排污许可证管理。

（三）主要任务和措施

1．环境污染防治

（1）大气污染防治

在燃煤污染控制方面，大力引进电力、天然气等优质能源，取消低矮面源，推广节能技术和太阳能、生物质能等可再生能源。调整能源结构，加大建筑节能、供热节能和工业节能力度，开发利用煤清洁燃烧技术，鼓励开发利用太阳能、生物质能等可再生能源，积极推动农村能源利用方式转变。保留的 20 t 以上的燃煤锅炉加快脱硫、除尘改造，中心城达到使用年限的逐步改用清洁能源。2008 年之前高井、京能、京丰、华能、国华等五大燃煤（热）电厂完成高效除尘、脱硫和脱氮治理工程。燃煤供热锅炉禁止原煤散烧，推广使用洁净煤技术和脱硫、高效除尘等净化技术。工业燃煤锅炉全部使用低硫优质煤，并应用脱硫技术和其他节能控污技术，逐步压缩炼焦制气用煤量。

在机动车污染防治方面，实施公交优先发展战略。进一步提高机动车新车排放标准，2007 年轻型柴油车执行国家第Ⅳ阶段排气污染物排放标准，2008 年轻型汽油车、轻型燃气汽车、重型柴油车执行第Ⅳ阶段排放标准。制定更严格的地方油品标准，2008 年之前实行与第Ⅳ阶段机动车污染物排放标准相适应的车用燃油标准。继续实行车辆检查/维修制度。力争 2008 年之前，淘汰 1995 年以前投入使用的高排放车，加快各种大型运输车辆的更新、淘汰，加快老旧公交车、出租车、邮政车、环卫车等专用车辆的更新。2008 年之前完成加油站、油库、油罐车及其他挥发性有机物排放源的治理，石油、化工行业加大挥发性有机物控制力度。

在扬尘污染控制方面，全面消除建成区和城乡结合部裸露地面，对闲置和未开发土地及时进行临时绿化。加大对露天焚烧、烧烤和油烟污染以及垃圾乱堆乱放等违法行为的查处力度，采取洒水、覆盖或喷洒覆盖剂等措施，控制施工扬尘污染。对施工工地开征扬尘排污费，加强执法检查，启用施工工地扬尘污染监视系统；提高道路保洁度，加强对工程渣土运输车辆在运输途中的遗撒、滴漏等污染行为的检查和处罚。

在工业大气污染防治方面，首钢 2007 年年底完成压缩 400 万 t 钢铁生产能力；2008 年奥运会期间暂停烧结、焦炉生产；2010 年冶炼、热轧能力全部停产。完成东南郊焦化厂、化二、有机等重点企业的搬迁调整。实施北新建材（集团）有限公司石膏板生产线一线搬迁和二线改造。

（2）水污染防治

在饮用水水源保护方面，加强密云、怀柔和官厅水库等地表水水源地的保护与治理。到 2008 年，密云、官厅水库上游及周边水土流失治理率提高到 90%，2010 年完成全部治理；2007 年之前，各郊区县完成城镇地下水源保护区的划定和确认工作；以加强城市基础设施建设和生态农业建设为主，建设水源涵养林，采取治理村镇生活污染、规模化畜禽养殖场和砂石坑等措施，重点防治垃圾堆放、加油站、生活污水、农业面源对地下水的污染；制定怀柔、平谷和张坊应急水源地工程开采和水源涵养方案，合理控制开采量。

在水污染防治设施建设方面，督促中关村科技园等开发区完善污水处理设施建设，通过调整产业结构、开展清洁生产审计等措施减少废水排放总量，推动工业污水深度治理和回用，严禁利用渗坑、渗井排放，保证处理设施正常运转，实现水污染物稳定达标排放；中心城新增处理能力 20 万 m^3/d，污水处理率达到 90%以上；进一步完善郊区主要城镇城市污水处理厂及污水管网系统，2008 年污水处理率提高到 50%；建设 55 个重点小城镇污水处理工程，新增城镇污水处理能力 50 万 m^3/d。强化新建社区、农村建制镇的污水收集与处理，鼓励在市政污水管网尚未覆盖的地区建设小型污水处理设施，实现达标排放或就地回用。

在提高污水资源化水平方面，中心城新增日处理能力 35.5 万 m^3，新城新建怀柔、密云、延庆 3 座深度处理厂；铺设中水管线 470 km，实现中水管线基本覆盖中心城区；采取综合措施鼓励再生水利用，2010 年河湖环境、市政杂用和工农业利用再生水达到 6 亿 m^3，鼓励宾馆、居民小区、机关单位等自建小中水设施，2008 年利用自建设施中水 4 000 万 m^3；实行计划用水和定额管理，继续提高工业用水重复利用率；控制城市生活用水，全面推广、普及节水器具，2010 年家庭节水器普及率达到 90%以上；发展节水农业，到 2007 年全市农田、果园等全部实现节水灌溉。

在恢复河湖生态功能方面，加强地表水、地下水、雨洪利用、再生水等各类水资源的联调，努力保障河湖生态用水；对河湖水系进行综合整治，2008 年消除北旱河、清河等 30 条河道沿线 1 000 多个排污口，逐步治理和恢复历史河流水系；2010 年，中心城和新城城市水系平水年基本达到国家标准。

在水环境管理方面，修订水污染防治、饮用水水源保护等地方法规，颁布、修订实施水污染源监管、再生水回用、取水许可、水资源费征收使用等管理办法或实施细则，2010 年之前建立水环境容量总量控制体系；增建水质自动监测站，建设城市污水处理厂和重点水污染源自动监测网络系统，以及集中式地下饮用水水源防护区内重点污染源周围的地下水环境监测系统，定期发布水环境质量公报。

（3）噪声污染防治

在交通噪声防治方面，合理规划新建道路（轻轨）和敏感建筑物集中区之间的防护距离，将交通噪声影响评估纳入建设项目规划方案，在道路建设的同时同步实施噪声治理，对五环路以内地区开展交通噪声污染状况调查及治理；城市建成区特定范围内实施列车禁鸣，对重点路段实施居民搬迁和治理；完成受飞机噪声影响的顺义区后沙峪镇三个村的搬迁治理，实施顺义东马各庄、通州管头村等噪声敏感点和5所学校降噪治理以及首都机场东扩飞机噪声扰民治理。

在社会生活噪声防治方面，加强对居民装修和居民区内秧歌、跳舞、健身等群众性文体活动的管理，加大对商业、餐饮娱乐等噪声扰民的整治，开展居民住宅公用配套设施低频噪声、固体声的治理。

在建筑施工噪声防治方面，推广应用低噪声施工工艺和机械设备；特殊时段限制或禁止特定区域范围内施工行为；规范夜间施工许可证的发放，严格控制夜间施工。

在工业噪声防治方面，严格管理各类企业厂界环境噪声，建成区内企业有固定边界的其他单位的厂界噪声全部达标。

在声环境管理方面，制定环境噪声污染防治地方法规，开展民用建筑隔声质量验收管理；健全环境噪声防治部门协调机制。建立环境噪声控制实验室，建立声环境自动监测系统，编制可查询的城市噪声地图。

（4）固体废物污染防治

废物减量化方面，坚持从源头抓起，实现垃圾的源头削减；建立垃圾分类收集和利用体系，重点抓好餐厨垃圾的分类收集和处理利用；关闭能源消耗量大、生态破坏严重的煤炭及非煤矿山开采企业，促进源头削减工业固体废物产生量，工业固体废物产生量在2005年的基础上削减10%以上。

废物循环利用方面，鼓励和引导社会资源兴办固体废物再生资源利用企业，建立固体废物交换信息平台；新建、改建和扩建的小区、大厦、工业区，必须配套建设相应的垃圾分类收集设施，老旧住宅区增建垃圾分类收集设施；大力支持工业固体废物综合利用设施建设，力争2010年工业固体废物综合利用率达到80%，建立电子废物综合利用示范生产线。

处理处置设施建设方面，按照“城乡统筹发展，打破行政区界”的原则，推进区域型生活垃圾综合处理设施建设，新建或扩建7座小型垃圾转运站、10座垃圾卫生填埋场以及16座垃圾焚烧、堆肥及综合处理厂；加快餐厨垃圾和粪便消纳处理。新建4座餐厨垃圾处理厂和9座粪便消纳站；新建危险废物集中处置中心，实现危险废物安全无害化处置；完善医疗废物集中处置设施，医疗废物全部得到安全无害化处置；暂时难以综合利用或属于危险废物的采矿废物按要求建立贮存、处置设施。

二次污染防治方面，开展非正规垃圾填埋场或堆放场的环境风险评估；治理现有生活垃圾处理设施的二次污染；建立居民生活危险废物收集渠道；实施危险废物综合利用经营许可证制度，规范危险废物综合利用设施的运营管理。

土壤污染调查与评估方面，开展首钢及东南郊重点化工企业厂址的土壤和地下水污染现状调查及风险评估，对土地二次开发和再利用提出建议；开展典型污染区域土壤修复示范；定期监测危险废物产生和处置利用单位；拟停产、搬迁企业在关闭、转产、搬迁之前，提交土壤监测报告。

加强固体废物管理，制定生活垃圾焚烧污染控制标准，建立生活垃圾处置设施的长期监测制度；定期对填埋场渗滤液排放、填埋气体排放以及周边地下水水质进行监测，生活垃圾焚烧炉全部安装在线监测设施；制定危险废物污染环境防治条例、危险废物焚烧污染控制标准等法规标准；落实危险废物排污申报登记、转移联单、经营许可证、行政代处置等制度，危险废物集中焚烧处置设施安装大气污染物排放在线监测系统。

（5）放射性和电磁辐射污染防治

放射性污染防治方面，实施放射源全过程管理，加强安全隐患较大的涉源单位监管；建立健全安全保卫制度，完善安全防护和事故应急措施，保障职业照射、公众照射水平达标；加快中国人民解放军防化兵九团等单位放射性污染治理；推进中国原子能科学研究院、清华核能与新能源研究院加快自身环境辐射预警监测系统的建设。

电磁辐射污染防治方面，严格选址和环保要求；严格控制广电设施周边建设项目，规范 500 kV 高压线在城市地区的建设；进一步优化、规范移动通信基站建设，严格控制密度和数量；引起周边居住区电磁辐射水平增高的广电发射设施实施搬迁或综合治理。

辐射环境管理方面，完成部门间的职责交接，建立市、区（县）两级监管体系；建立健全突发事件应急响应体系和队伍；研究制定放射性和电磁辐射环境保护相关实施细则、管理办法和技术规范；实施辐射安全许可证管理，对放射性污染源实行全过程管理；初步建立电磁、电离辐射环境自动监测网络系统。

（6）奥运期间保障措施

为保证 2008 年奥运会期间环境质量达到有关要求，除赛前已经全面规划并分步实施的持续性环境质量改善工作外，奥运会期间采取一定的预警机制、应急预案和临时性控制措施，预防和处理比赛期间的环境质量超标和各类环境突发事件。

加强对水、气、声、危险废物、放射源等污染源和处理设施的监管；加强对赛事相关环境要素特别是空气质量的监控和预报；必要时采取减轻环境污染的临时措施，如车辆限行、企业限产等。加强与周边地区的合作，建立大气、水等区域协作保障机制。

2．生态建设

山区生态保障体系建设方面，继续开展京津风沙源治理和太行山绿化二期工程，基本实现宜林荒山造林绿化；完成水源保护人工造林建设 0.67 万 hm^2，加强树种结构改造，逐步形成乔灌草结合、多层次的林分结构；完成中幼林抚育工程 10 万 hm^2、低质低效林改造工程 3.3 万 hm^2 以及 80%以上的矿山、砂石坑、窑坑治理和生态恢复。

平原生态屏障体系建设方面，以潮白河沿线的东部防护带、永定河沿线的西部防护带为主线，以公路、河流绿色通道和农田林带、片林为脉络，以规划新城、重点镇为重点，建设平原生态防护屏障；形成绿色通道 0.33 万 hm^2，平原地区完成过熟林更新改造任务 0.30 万 hm^2；在潮白河沿岸、永定河沿岸、大沙河沿岸、南口、康庄等风沙危害区，进行灌草覆盖、高效生态园建设和治沙示范；因地制宜建设 4 个功能明确、规模适度、生态作用明显的郊野公园。

城市及城乡结合地区生态圈建设方面，在中心城建设生态效应突出的万米以上集中大绿地，逐步实现市民出行 500 m 见公园绿地的目标，到 2010 年，第一道绿化隔离地区面积达到 125 km^2；完成 11 个规划新城绿地系统规划的编制；强化城市景观水系整治，市区水面增加到 1 236 hm^2；采用不同水源，保证生态用水，改善河流水质。

生物多样性保护及自然保护区建设方面，加快永定河三家店等自然保护区建设，完善松山、百花山、喇叭沟门、野鸭湖等自然保护区。重点建设和恢复汉石桥、南海子、潮白河上游等 7 大湿地；开展平原地区植物、鸟类、鱼类的本底调查工作，加强对重点地区重点物种的监测。

农业及农村环境保护方面，9 个郊区县建成国家级生态示范区，70 个乡镇建成“环境优美乡镇”，约 400 个村建成“文明生态村”；郊区垃圾无害化处理率达到 80%、城镇污水处理率达到 50%以上；2010 年之前完成 428 家规模化猪场粪便污染治理，加强农业废物减量化、资源化、无害化工作，鼓励其综合利用的产业化发展；建设节约型和都市农业持续发展的社会主义新农村；加强生态建设法律政策保障及经济政策激励，开展生态科研监控体系建设。

（四）实施情况

“十一五”期间，北京市各级政府、各有关部门共同努力，环境污染防治与生态建设并举，各项保障措施稳步跟进。特别是抓住举办 2008 年奥运会和国庆 60 周年庆典等大型活动的契机，全力推进环境保护工作，实现了环境质量持续改善，污染物排放总量不断降低，生态承载能力有所提高，各项规划目标完成情况良好，具体见表 3-8。

表 3-8　“十一五”环境保护和生态建设规划目标完成情况

序号	指标名称		规划目标	2010 年	完成情况
1	空气质量	中心城大气环境质量	二氧化硫年均浓度达到国家标准	0.032	完成
2			二氧化氮年均浓度达到国家标准	0.057	完成
3			可吸入颗粒物年均浓度基本达到国家标准	0.121	完成
4			臭氧超标情况有所遏制	—	难以评估
5	水环境质量	主要地表饮用水水源水质	密云、怀柔水库保持达标	达标	完成
6			官厅水库 2010 年初步恢复饮用水功能	Ⅳ类	未完成
7		平原地区地下水	2010 年超采和局部污染的局面有所好转	无统计数据	难以评估
8		中心城和新城城市水系水质	2010 年平水年基本达到国家标准	不达标	难以评估

序号	指标名称			规划目标	2010 年	完成情况
9	噪声环境质量	城市建成区区域环境噪声	市区	城市建成区区域环境噪声和城市主要道路交通噪声基本稳定，局部地区声环境质量有所改善	54.1 dB	完成
10			远郊		53.5 dB	
11		城市主要道路交通噪声	市区		70.0 dB	完成
12			远郊		68.0 dB	
13	辐射环境质量			电离辐射、电磁辐射环境质量保持在正常水平，电离辐射、电磁辐射的职业照射、公众照射水平均控制在国家标准限值之内	正常水平	完成
14	主要污染物排放总量	二氧化硫		2010 年控制 15.2 万 t 以下，在 2005 年基础上削减 20%	11.51 万 t，削减 39.7%	完成
15		化学需氧量		2010 年下降到 9.9 万 t 以下，在 2005 年基础上削减 15%左右	9.20 万 t，削减 20.67%	完成
16	中心城污水处理率			2008 年达到 90%，2010 年继续提高	95%	完成
17	新城和中心镇污水处理率			中心镇：2010 年达到 90%	无统计数据	难以评估
18				新城：2008 年达到 90% 2010 年继续提高	无统计数据	
19	郊区污水处理率			2008 年达到 50%	53	完成
20	中心城再生水回用率			2010 年达到 50%	60	完成
21	新城再生水回用率			2010 年达到 50%		完成
22	中心城和新城生活垃圾无害化处理率			中心城 2008 年达到 98%，2010 年达到 99%	100%	完成
23				新城 2010 年达到 99%	与郊区生活垃圾无害化处理率一起统计	
24	郊区生活垃圾无害化处理率			2008 年达到 65% 2010 年达到 80%	90%	完成

序号	指标名称	规划目标	2010年	完成情况
25	生活垃圾分类收集率	2008年达到50% 2010年达到60%	无数据	完成
26	生活垃圾资源化率	2008年达到30%	40%	完成
27	工业固体废物综合利用率	2010年达到80%	65.8%	未完成
28	放射性废物收贮	2008年废放射源、放射性废物实现集中安全收贮	完成	完成
29	放射源监管	2010年前实现放射源全过程有效安全监管	实行动态更新管理	
30	城市绿化覆盖率	2010年达到45%	45%	完成
31	全市林木覆盖率	53%	53%	完成
32	城市人均公共绿地面积	15 m^2	15 m^2	完成
33	森林覆盖率	37%	37%	完成
34	自然保护区面积占全市国土面积百分比	10%以上	10%	完成
35	山区水土流失有效治理面积	70%以上	82%	完成
36	郊区农业污染综合治理率	2010年达到80%	无统计数据	难以评估
37	农业废物资源化综合利用率	90%	无统计数据	难以评估
38	规模化养殖场粪便污染综合治理率达到80%以上（其中规模化猪场粪便污染全部实现综合治理）	80%	93%以上	完成
39	三级创建	9个国家级生态示范区	10	完成
40		70个“环境优美乡镇”	123	
41		约400个“文明生态村”	1 204	
42	完善空气质量自动监测网络		27	完成
43	扩建地表水环境质量自动监测站		20	完成
44	建立重点地区地下水源水质监测系统		完成	完成

序号	指标名称	规划目标	2010 年	完成情况
45	建立声环境自动监测系统		108	完成
46	初步建立辐射环境自动监测系统		32	完成
47	初步建立辐射源管理信息系统			完成
48	建立固体废物管理信息系统			完成
49	初步建立以遥感、地理信息系统和全球定位系统（即 3S 技术）为支撑的全市生态环境监测系统			完成
50	初步建立全市土壤监测系统			完成
51	2010 年前建成重点污染源自动监控系统			完成
52	2010 年实现重点污染源排污许可证管理		正在规划筹备阶段	未完成

特别是 2008 年北京奥运会和残奥会期间，空气质量天天优良，环境安全得到有效保障，圆满兑现了申奥环保承诺。同时二氧化硫、化学需氧量减排量均超额完成国家下达的“十一五”控制目标，削减幅度分别位居全国第一和第二。

1．大气污染防治

能源结构继续改善，2010 年天然气供应量达到 72 亿 m^3；建成 5 座燃气电厂，完成 2 737 台 20 T/h* 以下和中心城区 38 台 20 T/h 以上燃煤锅炉清洁能源改造，远郊区县新城建成配备高效脱硫除尘设施的大型集中供热中心 23 座，替代分散小锅炉约 4 800 T/h，完成城市核心区平房和简易楼清洁能源改造 16.3 万户；完成 15 台 197 万 kW 燃煤机组脱硫工程，燃煤机组全部实施烟气脱硫，高井、京能、华能、国华 4 家电厂的除尘器改造和脱硝治理工程投入使用。万元 GDP 能耗累计下降 26.5%

* 1 T/h=0.7 MW。

左右，下降幅度居全国第一。2010 年优质能源比例达到 70%，可再生能源开发利用量达到 260 万 t 标煤左右，比 2005 年翻两番。

积极发展公共交通，公共电汽车和轨道交通客运总量分别增长了 12.3%和 1.7 倍；率先在全国执行新车国Ⅳ排放标准和配套的油品标准；通过限行和补贴等措施促进黄标车淘汰，累计淘汰黄标车 30 万辆；全市 97%的出租车和超过 98%的公交车达到国Ⅲ标准，公交车、出租车排放水平在全国领先；2008 年 7 月前，完成了 52 座储油库、1 462 座加油站和 1 387 辆油罐车油气挥发治理，年减少挥发性有机物（VOCs）排放 2 万多 t。

建立了施工工地扬尘联合执法检查机制，查处施工工地扬尘污染、运输车辆泄漏遗撒及车轮带泥等违法行为，制定并多次启动“大风沙尘天气扬尘污染控制预案”；推行吸尘、洒水、清扫一体化的作业方式；大力开展四环路内和远郊区县城镇地区裸露地面整治，完成了砂石坑普查和一批整治项目；开展了裸露农田治理，完成一批生物覆盖、保护性耕作和农村面源污染综合治理示范区建设工程。

首钢石景山厂区在 2008 年实现压缩 400 万 t 钢铁产能的基础上，2010 年底冶炼及热轧工序全面停产；北京焦化厂等有污染的化工企业全部实现搬迁或原址停产，同时开展全市小化工企业的结构调整工作；全面淘汰年产能 20 万 t 以下的水泥厂；关停北新建材公司石膏板厂、昌平北方玻璃仪器厂等中小型污染企业，注销 24 家矿山开采许可证。先后实施了燕化公司部分燃重油锅炉和首钢第一线材厂燃重油窑炉改用天然气等重点治理工程，北京玻璃仪器厂等企业采用电炉熔炼工艺取代燃煤窑炉。

2．水污染防治

在饮用水水源保护方面，治理山区水土流失 1 405 km^2，建设 108 条清洁小流域，山区 640 个村实现整村治污，完成官厅水库塌岸治理和黑土洼湿地及官厅山峡渗滤坝建设，密云、怀柔主要地表饮用水水源地水质保持达标，永定河三家店河段达到地表水Ⅲ类水质标准。完成平原区地下水污染现状调查，进一步完善城市地下水源防护区内无管网平房区的污水支户线；编制了《北京市饮用水水源地环境保护规划》以及各区县水源地环境保护规划，完成郊区城镇地下水源保护区划分。

在水污染防治设施建设方面，对未建成污水集中处理设施的工业开发区实施“区域限批”，国家环保产业园区等污水集中处理设施投入运行；制定了高污染、高耗能、高水耗工业企业的退出意见和淘汰落后生产工艺名录，关停、迁出一批污染较重的企业；完成了燕化等工业污水深度治理与回用；中心城区新增污水处理能力 70 万 t/d，新城及乡镇新增处理能力 42 万 t/d，农村地区新增处理能力 6 万 t/d；同时推进污水管网建设，新建污水管线 1 957 km。

在污水资源化方面，建成 7 座再生水厂，再生水厂生产能力达 78 万 m^3/d；年利用再生水 6.8 亿 m^3，比 2005 年增加了 1.6 倍；落实最严格的水资源定额管理制度，严格执行超定额加价收费，退出三高企业 187 家，工业用水量减少了 23.5%，工业用水重复利用率达到 96.3%；推广安装节水器具，2010 年居民家庭节水器具普及率达到 91%，建成近 3 000 个节水型单位和小区，推进海淀区、大兴区、怀柔区全国节水型社会试点工作。

在河湖整治方面，完成凉水河下段河道治理，水质开始还清。完成清河下段等河道治理工作，基本完成六环路以内市属城市河湖治理。实施了中心区水源置换和“六海”水质改善工程，完成龙潭湖、朝阳公园湖水循环工程；建成朝阳马泉营、通州运河等 6 处生态湿地，形成 220 万 m^2 水面。

3．噪声污染防治

在交通噪声污染控制方面，铺设低噪声路面 6.8 km，建设道路隔声屏障 10 万余 m^2，改造临街居民住宅隔声窗 16 万余 m^2；将机动车禁鸣范围由四环路扩大到五环路；完成东城区泡子河社区居民搬迁、北京铁路局内燃机务段水阻试验噪声治理、京津城际铁路隔声屏障补建等铁路噪声治理工程，启动 S2 线（北京北站到延庆站）降噪治理工程；完成受首都机场噪声影响较大的岗山、回民营、枯柳树等 3 座村庄的整体搬迁；根据首都机场东扩后的噪声影响情况，为樱花园小区进行隔声窗治理工程，并对顺义区受噪声影响的其他村庄开展搬迁工作。

在声环境管理方面，颁布实施了《北京市环境噪声污染防治办法》；坚持开展噪声污染专项整治及中高考期间专项检查工作，解决了一批社会生活噪声扰民问题。组织实施“安静居住小区”创建活动，共创建 103

个安静居住小区；绘制约 10 km^2 示范区的“北京市环境噪声地图”；开展了一批新城规划环评和中心城区交通规划环评，从噪声污染防治角度提出合理建议。

4．固体废物污染防治

积极推动固体废物源头削减和循环利用，对实行物业管理的居住小区、大厦和工业区开展了垃圾分类工作，推进城镇地区 600 个居住小区实行垃圾分类收集和运输，30%以上党政机关、学校实现垃圾分类达标。2010 年，生活垃圾资源化率达到 40%；开展了首钢卢沟桥钢渣山 300 万 t 钢渣、金隅集团水泥粉煤灰和房山区南窖乡煤矸石等综合利用项目，2010 年工业固体废物综合利用率为 65.8%。

加快固体废物处理处置设施建设，新增垃圾卫生填埋处理能力 7 180 t/d，垃圾焚烧、堆肥及综合处理能力 4 800 t/d，餐厨垃圾及粪便处理能力分别达到 650 t/d 和 1 900 t/d；完成北京水泥厂水泥旋窑处置危险废物扩建工程和北京市危险废物集中处置中心建设，危险废物处置能力达到 6.4 万 t/a，金州安洁医疗废物处置厂建成投入使用，总处理能力 30 t/d，全市危险废物和城镇医疗废物基本实现安全处置。

防治二次污染，建立了危险废物和垃圾处置设施市、区县二级监管体系，加大了监测频次；生活垃圾焚烧设施以及企业自行焚烧设施安装大气污染物排放在线监测系统，生活垃圾填埋场安装渗滤液排放在线监测系统；启动了非正规填埋场的治理工作。

开展土壤污染调查与评估，对东南郊 50 多家工业企业原厂区土壤进行了风险评价，并对北京化工二厂等开展土壤污染治理修复，处理处置污染土壤近 60 万 m^3。

5．辐射污染防治

开展闲置和废旧放射源收贮专项行动，完成了 400 余家放射性废源、废物的安全处置或收贮；完成了一批土壤污染治理和装置退役工程，消除了辐射安全隐患；城市放射性废物库建成并投入使用，完成平谷放射性废物库退役和暂存天津的放射性废源（物）处置工作，实现对全市放射性废物（源）的安全收贮；积极推进国家广电总局 582 甲、乙台的搬迁等工作，进一步严格电磁辐射设施选址和建设的环保要求，消除电磁辐射对人口稠密区的影响。

建立了市区两级辐射安全监管体系，形成审批、监管、监测和收贮“四位一体”的市级辐射安全监管体制；提高行业的准入门槛，将涉源单位数量由“十一五”初期的438家压减至2010年的274家，建立了辐射安全许可证管理信息系统，实现放射源动态管理；完成射线装置、非密封放射性物质和开放性工作场所、电磁设备（设施）申报登记工作，开展了伴生放射性矿物资源开发利用的调查。

6. 生态建设情况

在生态保障体系建设方面，大力拓展城市绿色空间，新建公园绿地1 700多hm^2，城市绿地面积达到6.17万hm^2；启动实施了城市“增绿添彩”工程，完成800余条城市道路绿化和500余个老旧小区绿化改造，实施屋顶绿化50万m^2；平原地区形成了高标准的防护林体系，一道绿化隔离地区累计完成绿化面积 128.08 km^2，二道绿化隔离地区累计新增绿地1.03万hm^2；启动了11个新城滨河森林公园、永定河“五园一带”建设，建成绿色景观大道11条，市和区县级公路、河道绿化长度达到 1 400 km；山区绿色屏障基本形成，京津风沙源治理、太行山绿化等重点工程累计完成人工造林4.9万hm^2、封山育林15.3万hm^2，完成爆破造林 5 300 hm^2、废弃矿山生态修复 3 580 hm^2，启动实施了京冀生态建设合作项目，完成造林面积9 300余hm^2，推动了生态一体化进程。

在生态环境保护方面，全面加强湿地恢复和自然保护区建设，启动实施了松山等自然保护区和湿地重点保护工程及奥林匹克森林公园等一批湿地恢复工程，累计恢复和重建湿地2000多hm^2；百花山自然保护区已正式升级为国家级自然保护区，完成了百花山、四座楼、喇叭沟门资源保护及保护区能力建设工程，全市自然保护区总数达到20个，约占国土面积的10%；完成全市生物多样性基础调查与评估，初步建立了北京市植物种质资源数据库，建立物种资源进出口查验制度，开展环保用微生物进出口审批工作。

在农业及农村环境保护方面，坚持以生态建设示范区工作为抓手，积极开展三级创建，截至2010年年底，全市已有2个国家生态县、10个全国生态示范区、123个“北京郊区环境优美乡镇”、1 204个“北京郊区生态村”；加快农村环境综合整治，开展无害化垃圾处理厂和污水处理厂等环境基础设施建设力度，郊区污水处理率达到53%，行政村垃圾分类设施配备覆盖面达 94%，郊区生活垃圾无害化处理率达 90%以上；大力发展农业循环经济，使郊区 3.5 万户农民用上干净安全的清洁能源，完成全市 93%以上的规模化畜禽场的粪污治理，农药、化肥的使用量均降低了 30%左右，完成农田保护性耕作 14 万 hm^2，有效降低了农业面源污染。

7．保障措施落实情况

在完善法规政策和制度方面，2006 年市政府发布了《贯彻国务院关于落实科学发展观加强环境保护决定的意见》，明确了今后较长时期内环保工作的指导思想和目标；《北京市水污染防治条例》和《北京市环境噪声污染防治办法》颁布实施，发布《锅炉大气污染物排放标准》等14 项大气污染物排放地方标准，形成具有首都特色的地方大气排放标准体系；颁布了《场地环境评价导则》等 5 项标准和技术规范；围绕推广清洁能源、防治机动车污染、优化产业结构、区域污染防治等重点和难点问题，在排污收费和价格、财政补贴、经济奖励等方面先后制定实施了 25 项环境经济政策；同时强化环境执法监督，严厉打击环境违法行为，查处 1 750 件环境违法问题，挂牌督办解决 322 件群众反映比较强烈的污染案件。

在环境管理能力建设方面，基本建成市、区（县）两级环境监察网络，环境质量自动监测系统进一步完善；组建 12369 环保投诉举报咨询中心，建立并完善新闻发言人制度，开展了“少开一天车”“绿色创建”等活动以及“少一缕烟尘，多一分健康”环保有奖举报活动；实现每日公布全市空气质量状况，按月发布空气质量月报，定期公布水、声、辐射环境质量和固体废物管理信息。

在落实环保建设资金方面，继续加大对环境保护的投入，在环境基础设施建设、污染源治理等方面累计投资 1 457 亿元，同时注重发挥大气治理与环境保护专项资金、节能减排专项资金的引导作用，有力保证了各项规划目标的完成。

在奥运保障方面，组织实施极端不利气象条件空气质量应急措施，相关部门共同建立进京车辆联合监管机制，利用遥测车对黄标车等违反限行规定的车辆进行检测识别，全面开展奥运期间空气质量监测、预测、预报工作；逐一排查奥运场馆周边水环境隐患，加强对地表水环境的监管、监测，有效保证了奥运期间的水质安全；对危险废物经营许可证单位、重点危险废物及其产生单位进行了全面检查，开展了剧毒危险废物的清理及安全处置工作；统筹各方加强赛时声环境监管工作，确保赛时声环境质量不恶化；对奥运场馆重要设施周边及奥林匹克中心控制区范围内涉源单位实施专项检查，认真抓好辐射反恐防范等各项工作。

八、“十二五”环境保护和建设规划

（一）制订背景

“十一五”以来，北京市环境形势呈现“环境质量整体改善、部分指标尚未达标、防治形势依然严峻、改善难度不断加大”的特点。“十二五”时期是北京市加快转变经济发展方式、全面实施“人文北京、科技北京、绿色北京”战略，积极推进中国特色世界城市建设的重要时期，全市经济将继续保持平稳较快发展的态势，城市建设规模将不断扩大，资源能源消耗将进一步增加，环境保护的压力继续加大。突出表现在四个方面：

一是污染持续减排的压力进一步加大，本市重点污染源治理基本完成，污水处理率已达到较高水平，污染减排空间趋小，削减污染物“存量”须深挖潜力，但经济社会发展仍带来大量的污染物“增量”，污染持续减排任务加重；二是环境质量改善的压力进一步加大，大气污染物排放总量过大，仍超过环境容量，生态用水极度匮乏，水体几乎丧失自净能力；三是防范环境风险的压力进一步加大，放射源和射线装置数量多，危险废物产生单位数量多、分布广，防范突发性环境事件、维护首都环境安全的任务更加艰巨；四是解决群众关注的环境问题的难度进一步加大，建筑施工噪声、社会生活噪声控制难度明显增大，垃圾填埋场异味、移动通信基站、高压输变电工程等仍易引发社会关注。

在新的形势下，必须从首都经济社会发展全局出发，努力在转变经济发展方式和建设“人文北京、科技北京、绿色北京”过程中，加强污染预防和环境治理，努力推进首都经济健康协调发展。依据《国务院关于北京城市总体规划（2004—2020 年）》和北京市第十二届人民代表大会第四次会议 2011 年 1 月 21 日批准的《北京市国民经济和社会发展第十二个五年规划纲要》对北京市环境保护工作提出的要求，以及“十二五”时期首都环境保护和建设需要，制订了《北京市“十二五”时期环境保护和生态建设规划》（以下简称“十二五”规划）。该规划由北京市委专题会审议，市环保局会同市发展改革委联合发布，与“十一五”环境保护规划相比，“十二五”规划在强调水、气、声、固废、辐射、生态等环境要素污染防治和建设任务全面推进的基础上，紧密围绕污染减排和环境质量改善，将污染减排作为一项重点任务单辟章节。落实国家有关要求，增加了废弃电子电器产品环境管理、新化学物质管理、重金属污染控制、污染场地管理等一些新的环境管理要求。在行政措施之外，突出综合手段，更加强调了法律措施、经济措施。

（二）规划目标

规划的总体目标为：到 2015 年，主要污染物排放总量持续削减，环境质量进一步改善，整体生态状况保持良好，环境安全得到有效保障，为建设“宜居城市”奠定环境基础。

具体的规划指标分为四个方面：

污染物排放总量持续削减——与 2010 年相比，2015 年全市二氧化硫和氮氧化物排放总量分别减少 13.4%和 12.3%；化学需氧量和氨氮排放总量分别减少 8.7%（其中工业和生活排放量减少 9.8%）和 10.1%（其中工业和生活排放量减少 10.2%），具体以《“十二五”主要污染物总量削减目标责任书》确定目标为准。

空气质量进一步改善——二氧化硫、二氧化氮、一氧化碳、苯并[*a*]芘、氟化物和铅等六项污染物稳定达标，总悬浮颗粒物与可吸入颗粒物年均浓度比 2010 年下降 10%左右，臭氧污染趋势逐步减缓；全市空气质量二级和好于二级天数的比例达到 80%（以二氧化硫、二氧化氮、可吸入颗粒物等三项污染物评价）。

水环境质量有所改善——确保密云、怀柔水库水质符合地表水Ⅱ类标准，保证饮用水水源安全；全市地下水水质保持稳定；地表水达标水体水质保持稳定，不达标水体中化学需氧量、氨氮等主要污染物平均浓度下降 5%；北京市境内的地表水出境断面水质指标达到国家考核要求。全市地表水断面水质改善率达到 10%。

声环境质量保持稳定——“十二五”期间声环境质量规划指标为：

力争区域环境噪声平均值控制在 55 dB 以内，交通干线噪声平均值控制在 70 dB 以内。

（三）主要任务和措施

1．落实重点工程，扎实推进污染减排

推进二氧化硫和氮氧化物减排，确保降低煤炭消耗量，全面推行烟气脱硝治理，强化机动车氮氧化物排放控制。推进化学需氧量和氨氮减排，扩大生活污水处理能力，加强污水再利用，强化农业畜禽养殖污染治理。完善污染减排机制，继续实施污染减排目标责任制，强化污染减排考核。

2．开展全防全控，持续改善空气质量

在燃烧源污染控制方面，提高天然气等优质能源消费比重，加快太阳能、地温能、生物质能和风能等可再生清洁能源开发利用。力争 2014 年年底前建成东南、西南、东北和西北四大燃气热电中心，所有燃气电厂采用低氮燃烧和烟气脱硝技术。将城六区打造为基本无燃煤区，远郊区县逐步减少燃煤使用，具备天然气等清洁能源供应条件的地区，燃煤锅炉逐步进行清洁能源改造；关停新城和重点镇集中供热中心覆盖区域内的分散燃煤锅炉。

在机动车污染防治方面，加快轨道交通建设。实行机动车污染物排放总量控制，严格执行各类机动车报废制度和标准，增加高排放车、延缓报废车辆的尾气检测频次。严格在用车定期检测，加强年检场排放检测监管力度，严格禁止本市和外埠黄标车在六环路以内行驶。力争 2012 年上市新车执行国家第五阶段机动车排放标准，并按地方标准配套供应相应油品。

在扬尘污染控制方面，建设施工单位要落实“五个 100%”扬尘控制要求，推进扬尘污染控制技术进步，示范、推广建设工地高效车轮清洗技术，强化扬尘执法检查。治理渣土运输遗撒，降低道路扬尘污染；推广城市道路清扫保洁新工艺，积极开展扬尘污染控制区创建工作。

在工业污染防治方面，继续调整产业结构，定期发布产业结构调整目录，调整搬迁东方石化公司东方化工厂等重点污染企业；调整搬迁混凝土搅拌站及水泥构件厂，逐步退出沥青防水卷材等高污染落后生产工艺和土砂石开采、平板玻璃等污染行业；关停全市工业园区以外规模以下的化工、石灰石膏、石材加工、砖瓦等生产企业；2015 年以前，除无管道天然气供应条件地区外的市级以上工业园区完成燃煤锅炉清洁能源改造。

在挥发性有机物污染防治方面，引导工业企业使用低挥发性有机物含量的生产原料，通过清洁生产审核与专项治理，控制生产过程挥发性有机物的排放。对加油站、储油库开展油气回收在线监控试点；严格控制餐饮服务业挥发性有机物污染；坚决取缔露天烧烤等环境违法行为。

3．深化污染防治，稳步提升水环境质量

在饮用水水源保护方面，继续开展水源保护区环境治理，减少面源污染；密云水库和怀柔水库上游所有乡镇全部建成集中污水处理设施并保证其正常运转，汇水范围内的山区全部建成生态清洁小流域；加强对地下水源保护区内现有加油站及其他贮存有毒有害物质地下设施的整治，对大口井、废弃机井采取封井措施，提高防护区内的污水收集和处理率。

在工业水污染防治方面，逐步关停不符合本市功能定位的水污染企业，全市范围内禁止生产和销售含磷洗涤用品；新建工业园区配套建设污水集中处理设施；新建排放水污染物的工业项目分类入驻工业园区；深化工业企业废水治理，确保排放稳定达标；继续开展化工、制药等重污染行业的清洁生产审核，落实清洁生产措施。

在集中污水处理方面，完成中心城 7 座污水处理厂建设，中心城污水处理率达到 98%；新建、扩建新城污水处理厂，污水处理率达到 90%；新建一批乡镇级污水处理厂；督促污水处理单位在厂内进行污泥的减量化和稳定化处理，确保全部达到无害化处理要求，促进污泥资源化利用。

在污水资源化方面，完成中心城 8 座污水处理厂的升级改造和 4 座再生水厂调水工程，实现河道再生水补水量 3 亿 m^3，全市再生水利用量不低于 10 亿 m^3；以北运河、潮白河水系综合治理和永定河绿色生态发展带建设为重点，通过污水处理设施建设、再生水利用等综合手段，增加生态用水量。

4．贯彻防治结合，努力保持声环境质量

在噪声污染防治方面，引导使用低噪声交通工具，限制高噪声车辆上路行驶；推动低噪声技术应用，继续推动铁路道口改造工程，减少火车鸣笛扰民；规范隔声降噪措施，提高交通干线两侧居民住宅隔声质量，研究制定道路、轨道交通、航空噪声防治隔声屏障、隔声窗技术规范；分期、分批对现有道路两侧住宅等敏感建筑物更换隔声窗，在部分路段增设隔声屏障，缓解道路交通噪声影响；开展轨道噪声污染跟踪监测，根据监测结果适时采取隔声防护措施。

在噪声管理方面，在城区噪声污染严重路段实施机动车禁鸣、限速；发动居委会、村委会等组织协助调解居住区邻里噪声纠纷；研究建立施工噪声自动监测制度和施工单位信誉档案制度；继续完善部门分工负责、联防联控噪声污染防治协调机制；完成声环境功能区划调整，制定机场航空噪声相容性规划，并严格落实。

5．突出风险防范，加强固体废物环境监管

提高危险废物无害化管理和处置水平，坚决淘汰无法满足环保要求的危险废物自处置设施，建立和完善社会源危险废物回收体系，城镇医疗废物无害化处理率达到 100%，开展生活垃圾等固体废物焚烧飞灰水泥窑共处置示范项目。

强化工业固体废物处置与利用，规范无害化处置。提高废弃电器电子产品集中处理能力，实现废弃电器电子产品的无害化处置。完善污染场地法规标准体系，开展污染场地治理修复。完善有毒化学品、新化学物质、重点行业二噁英类有机污染物动态监管制度。

严格新建生活垃圾处理设施环保审批，完善现有生活垃圾处置设施；加强对生活垃圾处理处置设施排放监测，防止二次污染；进一步提高生活垃圾无害化处理率，到 2015 年，无害化处理率城区达到 99%、郊区达到 90%。

以铅、汞、镉、铬、砷等五种重金属为防控重点，进一步加强重金属污染防治。严格控制涉及重金属排放的产业发展，逐步淘汰电子行业含铅电镀等重金属污染工艺。

6．提高预警水平，保障核与辐射环境安全

推进放射源生命周期全过程监管，实现辐射安全监管全覆盖，完善辐射安全许可证等管理制度和规范，严控新、改、扩建辐照加工和移动探伤项目，建立高风险源强制退役和保险制度，构建辐射安全管理信息共享平台，推进放射性同位素各流转环节全方位无缝隙监管。

加强辐射安全预警监测与应急保障，优化辐射环境自动监测网，加强核设施及重点核技术利用项目周边环境预警监测；建立轨道交通直流电磁环境监测能力；构建核与辐射应急管理系统和指挥平台，形成“统一指挥、市区（县）联动、响应迅捷、处置高效”的应急机制。

严格放射性废物安全管理与收贮，推行放射性废物全过程安全管理，促进放射性废物最小化；有序开展已收贮废放射源、极低放射性废物的清洁解控和处置，确保收贮及时、安全。

大力推进辐射安全文化建设，推动企业不断完善辐射安全管理体制和规章制度，实现安全技术升级；在辐照加工、移动探伤、放药生产、核医学、涉源销售等行业建立辐射安全文化示范工程。

7．推进生态建设，加强农村环境污染防治

持续改善全市生态环境质量，增加植被覆盖度、生物丰度，完善以山区绿化、平原绿化和城市绿地为基本骨架的绿色空间体系，优化绿地结构和布局，到 2015 年，全市林木绿化率达到 57%，城市绿化覆盖率达到 48%；实施永定河绿色生态走廊建设，开展潮白河等河流水系综合治理，加快城市湿地恢复，提升水网密度；开展沙化、潜在沙化土地治理，实施生态清洁小流域建设，推动关停矿山生态修复，减少水土流失面积。

不断提升自然保护区管护水平，制定自然保护区管护评价标准，编制《北京市生物多样性保护战略与行动计划》，推动自然保护区建设由“数量型”向“质量型”、由“面积型”向“功能型”转变，切实发挥自然保护区在保护生物多样性、提高生态服务功能方面的作用。

进一步加强农村环境保护，力争建成 80 个国家级生态乡镇，1 300 个市级生态村；划定畜禽养殖禁养区和限养区，对规模养猪场全部实施治理改造，通过生态养鱼等模式减少化学投入品的使用，实现水产养殖的增产减污，减少化学农药施用，通过测土配方施肥、推广生物防治技术、物理防治技术和精准施药技术等措施，逐步减少化学农药使用量。以农村污水和生活垃圾治理为重点，开展农村环境综合整治，引导农村旅游、休闲与环境保护和谐发展。

组织开展土壤环境监管，深入开展土壤污染调查等基础工作，全面掌握本市土壤环境质量状况，逐步建立土壤污染防治机制。

8. 提升监管能力，完善环境监测执法体系

完善环境监测预警体系，进一步完善空气、地表水、噪声等监测系统，积极开展臭氧、细颗粒物等监测与评价，以及京津冀空气质量区域联动监测，组织完善地下水环境监测体系，逐步开展土壤环境监测与农村环境监测工作；继续开展污染源自动监控系统和中控系统建设，实现污染源普查数据动态更新，推进挥发性有机物、重金属等排放污染源监测，提高环境监测预警与应急监测能力；加强市、区县两级环境监测能力建设。

健全环境执法监察体系，加大对环境违法行为的打击力度，探索建立“市级、区县、街道乡镇、企业”四级监管模式；市、区县两级环境监察机构达到国家标准化建设要求，升级环境监察管理信息系统，加强移动执法系统建设，实现对重点区域、流域、生态环境的全方位监管。建立市、区县两级环保部门统一的应急机构和责任体系，加强基层环境应急队伍建设。

推进环境信息化建设，建设环境数据中心，推进阳光行政工程，开辟固体废物管理和辐射环境管理的物联网技术应用；加强信息化基础设施建设，完善环境信息化建设规范和制度。

9. 保障措施

落实目标责任，加强环境保护绩效考核。进一步完善和落实环境保护目标责任制，形成区县属地管理、部门按领域管理相结合的环境改善与污染减排机制；对环境保护主要任务和指标实行定期考核，将考核结果作为领导干部考评的重要内容；深化部门协调与联动机制，实现定期会商，开展联合执法；各部门根据部门职责，加强行业管理，共同推进“十二五”时期的环境保护工作。

加强制度建设，完善环境法规标准体系。完成大气污染防治地方法规的修订，加快油烟污染防治、机动车排放污染防治、环境噪声污染防治和危险废物污染防治等立法工作。进一步严格地方污染物排放标准体系，制定或修订燃气电厂、施工扬尘、防水卷材、水泥、铸锻等行业污染物排放标准，修订非道路用柴油机排放标准，制定与国五标准相配套的地方车用油品标准。制定城镇污水处理厂排放标准，修订水污染物排放标准，制定生活垃圾填埋场恶臭控制技术规范。

完善经济政策，确保环境保护资金投入。建立能够反映污染治理成本的排污收费机制，进一步扩大排污费的征收范围，研究制定施工工地扬尘排污费征收方案。理顺城市污水、生活垃圾、危险废物、医疗废物处理处置费及放射性废物收贮费标准和收费体制。完善区县空气质量改善和主要污染物减排的“以奖代补”政策，落实农村重点环境问题“以奖促治”政策。进一步完善燃煤设施清洁能源改造、落后产能和工艺退出的经济补贴政策。建立绿色金融信贷体系，积极推行环境责任保险，建立政府绿色采购制度。把环境保护投入作为政府支出的重点，继续加大环境保护政府资金投入力度，拓宽环境保护与生态建设融资渠道。

促进科技创新，增强环境保护支撑能力，深入开展环境保护科学技术基础性研究；推进环境治理和监测关键技术示范。推进公众参与，营造全社会参与环保的氛围，提升公众环境意识，推进绿色信息传播，搭建公众参与平台。加强区域合作，推进环境领域国际交流。

（四）实施情况

“十二五”以来，北京市立足城市战略定位，将环境保护和生态建设工作摆放在首都建设发展、京津冀协同发展大局中更加重要的突出位置，以环境质量改善为中心，以污染减排为抓手，以防治大气污染为重点，坚持标本兼治和专项治理并重，常态治理和应急减排协调，本地治污和区域协调相互促进，多策并举，多地联动，全社会共同行动，全面推进各项环境保护和生态建设工作，环境质量总体稳中向好，在全国率先提前两年完成“十二五”主要污染物总量减排任务，减排幅度位居全国前列，各项规划指标完成情况见表 3-9。

表 3-9　“十二五”规划主要指标完成情况

类别	序号	指标	“十二五”目标	2015 年实际	是否完成
环境质量	1	空气中四项主要污染物（二氧化硫、二氧化氮、可吸入颗粒物、总悬浮颗粒物）浓度平均下降比例/%	15	27.4	是

类别	序号	指标	“十二五”目标	2015 年实际	是否完成
环境质量	2	二氧化硫浓度下降比例	稳定达标	13.5 μg/m^3（57.81%）	是
	3	二氧化氮浓度下降比例	稳定达标	50 μg/m^3（12.28%）	按旧标准达标
	4	PM_{10} 浓度下降比例	10%	16.12%	是
	5	TSP 浓度下降比例	10%	23.44%	是
	6	$PM_{2.5}$ 浓度下降比例	—	15.8%	—
	7	不达标水体中化学需氧量浓度下降比例	5%	16%	是
	8	不达标水体中氨氮浓度下降比例	5%	24%	是
	9	区域环境噪声平均值/dB	55	53.3	是
	10	道路交通噪声平均值/dB	70	69.2	是
污染减排	11	二氧化硫排放量/万 t	−13.4%	−31.81%	是
	12	氮氧化物排放量/万 t	−12.3%	−30.39%	是
	13	化学需氧量排放量/万 t	−8.7%	−19.34%	是
	14	氨氮排放量/万 t	−10.1%	−24.96%	是

注：1. 2013 年经市人大批准，将空气质量改善指标由二级和好于二级以上天数达到 80%，调整为空气中四项主要污染物浓度平均下降 15%。

2. 按照国家要求，2013 年起，本市在全国提前执行空气质量新标准，其中二氧化氮年均浓度限值由 80 μg/m^3 收紧为 40 μg/m^3。

3. 自 2012 年起开始监测、统计 $PM_{2.5}$ 浓度。

4. “十二五”起，区域环境噪声、道路交通噪声平均值不再区分市区、远郊，改为全市。

1．大气污染治理工作深入推进

继续深化燃煤污染控制。制定了《北京市 2013—2017 年加快压减燃煤和清洁能源建设工作方案》，发布了高污染燃料禁燃区划定方案，实施了陕京三线工程等一批重点工程，加快现有燃煤设施清洁能源替代，压减燃煤消费量。2015 年，全市优质能源占能源总消耗比例提高到 79%以上，煤炭消费总量下降到 1 200 万 t。四大燃气热电中心建成投运，关闭三座燃煤电厂，累计完成 2 000 台、近 2 万 T/h 燃煤锅炉清洁能源改造，实现了城六区基本无燃煤锅炉。核心区完成 12.32 万户平房采暖煤改电工程，基本实现无煤化。在全国率先治理农村散煤污染，推进郊区农村地区“减煤换煤、清洁空气”行动，农村和城乡结合部地区实现优质煤基本全覆盖。

全面控制机动车排放污染。落实公交优先发展战略，中心城区公共交通出行比例提高到 50%。继续实施机动车摇号政策及两个尾号在高峰时段每周一次的限行措施，制定实施了机动车强制报废规定。实施小客车限购政策；采取政府补助和企业奖励相结合的方式，加速老旧车淘汰，累计淘汰老旧机动车 183.2 万辆，在全国率先完成了黄标车的淘汰。以公交、出租、郊区客运等行业为重点，鼓励推广新能源和清洁能源汽车，累计推广应用纯电动汽车 2 万余辆。率先实施北京市第五阶段车用汽油、柴油油品标准和国五阶段机动车排放标准。

深入推进工业调整和污染治理。两次发布《北京市新增产业的禁止和限制目录》，全面禁止新建钢铁、水泥、炼焦、有色等高耗能、高污染以及劳动密集型一般制造业项目；实施了“减二增一”的大气污染物削减量替代审批制度；发布了三批不符合首都功能定位的高污染工业行业调整、生产工艺和设备退出目录，北京东方化工厂等一批污染较重企业以及 5 家水泥企业实现原址停产，炼油规模控制在 1 000 万 t 以内，水泥产能压缩到 400 万 t 以内，关停退出一般制造和污染企业 1 370 家。全市水泥企业水泥窑及窑磨一体机除尘设施改造为袋式除尘器，并完成物料储运系统密闭化改造。

进一步提高了扬尘污染控制水平。出台了 3 项扬尘治理相关政策，首推建设工程扬尘治理专项资金管理，将扬尘污染防治纳入企业信用及市场准入管理，全市 5 000 m^2 以上施工工地安装视频监控系统。完成 8 000 余辆渣土运输车的密闭化改造，大力推广“吸、扫、冲、收”清扫保洁新工艺，全市道路清扫保洁新工艺作业率达到 86%以上。

开展挥发性有机物污染防治。实施了 280 项环保技改项目，石化、汽车制造、家具等行业累计减排挥发性有机物 3 万余 t。发布了汽车制造、印刷、家具、石油化工等大气污染物排放标准，部分标准限值达到了国际先进水平。西城等区开展了加油站油气回收在线监控试点。整治餐馆油烟违规排放。

2．水污染防治工作进展顺利

严格保护饮用水水源地。针对南水北调进京划定了水源保护区，调整了市级地下水饮用水水源保护区范围。对密云水库库区 155 m 高程以下 6 万亩耕地实行退耕还林，实施 155～160 m 高程范围内一级保护区禁养工程，完成官厅水库塌岸治理工程和密云水库库滨带建设工程，对水库上游河道实施了生态治理，上游乡镇基本建成集中污水处理设施。

继续加强工业水污染防治。积极推进化工、造纸、电镀等水污染企业淘汰退出，对现有工业园区尚未配套建设污水集中处理设施的继续实施环评区域限批。发布企业实施强制性清洁生产审核名单，完成重点企业清洁生产审核评估、工业生产许可证核查等工作，开展了含重金属废水排放企业治理设施的技术改造。

继续推进污水治理和再生水利用水平。发布三年行动方案提速污水处理和再生水利用，建设完成了一批污水处理设施，全市污水处理能力达到455万 m^3/d，污水处理厂配套管线和沿河截污管线增加到9 147 km，封堵河道污水口 900 余个；建成污泥处理处置设施 10 座、污泥协同垃圾混合填埋处置设施 4 座，实现污泥全部处理处置；卢沟桥、吴家村等 8 家污水处理厂完成升级改造，再生水利用量达到 9.5 亿 m^3，约占北京市用水总量的 23%。

多措并举开展水系综合治理。针对清河黑臭现象，实施了流域内再生水厂及配套工程建设、临时治污设施等 11 类工程建设；实施凉水河黑臭现象整治，在流域内开展了 12 类建设工程。启动温榆河污水直排整治工程，开展通惠河、萧太后河截污治污；怀柔区、延庆区分别实施雁栖湖、妫水河水环境治理，为 APEC 会议、2014 世界葡萄大会提供良好的水环境保障。

加强规模化畜禽养殖场粪污治理。紧紧围绕城乡一体化建设和农村人居环境改善，深入推进畜禽养殖业污染减排，建成德清源生态养殖园、北朗中“环能工程”等一批示范工程和生态养殖项目；全市 60%以上规模化畜禽养殖场和养殖小区，配套建设了固体废物和废水贮存处理设施；依托首农集团等大型畜禽养殖企业，建设了沼气处理厂和有机肥加工厂。

3．声环境质量保持稳定

加强建设项目声环境影响评价，严格建设项目环境噪声“三同时”验收管理；大力开展交通噪声治理，淘汰部分老旧公交车改用新型电混公交车，实施了多条交通干线、轨道交通、场站的噪声治理工程。进一步规范隔声降噪措施，颁布了《交通噪声污染环境工程技术规范——第1部分隔声窗措施》，对群众反映强烈的水衙沟路等重点路段实施隔声窗安装工程。颁布实施了《北京市建设工程施工现场管理办法》等文件，加强施工噪声监督管理。

4．固体废物环境监管进一步完善

提高危险废物无害化管理和处置水平，制定并更新了危险废物重点源清单，推行危险废物经营许可证单位月报制度及处置利用设施年度评估工作。建成金州安洁、润泰2家医疗废物无害化处置设施，总处置能力达到75 t/d，基本实现了医疗废物100%无害化处置。国内首条焚烧飞灰水泥窑共处置示范项目投入试运行，年处理飞灰能力达到6万t。

依托北京市鲁家山循环经济（静脉产业）基地建成城市固体废物资源化基地，工业固体废物处置利用率由97.59%上升到100%；新增废弃电器电子产品拆解能力130万台。开展了典型场地污染调查，并确定污染场地重点区域；完成污染土壤修复360余万 m^3；发布了7项涉及污染场地修复的地方标准。

建立了新化学物质环境管理登记制度及持久性有机污染物统计报表制度，发布了火葬场大气污染物排放标准，开展了废弃物焚烧等10个行业二噁英排放情况的统计调查。

加强生活垃圾无害化处理设施建设，新增焚烧处理能力3 600 t/d、生化处理能力1 200 t/d。生活垃圾无害化处理率提高到2015年的99.59%。

实行重金属污染物排放总量一票否决制。全市未新增涉及重金属污染物排放的建设项目审批。关停并转33家铅蓄电池、电镀、化工等行业重金属排放企业，实现铅蓄电池制造行业全面退出；开展重金属排放企业和含铅蓄电池企业为重点的专项执法检查。

开展年度土壤环境质量例行监测，并逐步扩大土壤环境质量监测范围至农业土壤、城市土壤、集中式饮用水水源地保护区土壤，北京市土壤环境质量总体达到清洁水平。

5．辐射环境安全继续得到保障

进一步加大放射源全生命周期监管与安全预警监管，建立了放射源安全许可证、风险评估、分级分类、安全防范的管理制度，完成辐射安全管理信息系统（二期）建设，实现监管信息的全市共享。

加强放射源安全预警监测与应急保障，在两个重点核设施基地周边新增 13 个自动监测站，建设了国内首个超大流量气溶胶自动监测系统。完成了外交部电台等重点电磁辐射源周边环境状况调查与电磁辐射水平监测。完成 200 多家单位放射源、放射性废物的收贮。建成放射性废物库计算机管理系统并投入使用，提高了收贮能力。

6．生态保护工作稳步发展

强化生态功能区保护和建设。全面推动四环路等主要干道及联络线的增彩延绿工作，11 个新城万亩滨河森林公园基本建成，十大滨水绿廊建设稳步推进，改造和提升了一批老旧胡同的绿化景观，开展了平原地区百万亩造林工程，2015 年全市林木绿化率、森林覆盖率分别提高到 59%和 41.6%。以生态清洁小流域建设为重点，以水源保护为中心，治理水土流失面积 1 730 km^2，建成生态清洁小流域 135 条。

不断提升自然保护区管护水平，全市各级各类自然保护区数量达到 20 个，面积 13.79 万 hm^2，占国土面积的 8.4%。落实生物多样性保护履约职责，完成国家级自然保护区首次资产调查和遥感生态监测核查，编制了《北京市生物多样性保护战略与行动计划》。

7．农村环保工作扎实推进

以区县、乡镇、村级生态建设示范工作为载体，整体推进郊区生态环境质量改善，截至 2014 年年底，北京市共有“国家生态县”2 个、“国家级生态示范区”11 个、“国家级生态乡镇”96 个、“国家级生态村”2 个、“市级环境优美乡镇”141 个、“市级生态村”2 001 个。

深化畜禽养殖和水产养殖污染治理，对五环路以内和上风上水地区的规模化养殖场实行禁养、六环路以内实行限养、水源保护地实行逐步搬迁和关停，推进实施规模化养殖场粪污治理与资源化工程养殖场 900 余家，粪便资源化利用量占到全市总量的 85%以上。

进一步降低化学农药施用量，实现测土配方施肥技术连续 5 年全覆盖，亩均化肥用量（实物量）比 2005 年下降 25%，累计补贴商品化有机肥 60 万 t，化学农药使用总量下降 17%。

农村环境综合整治能力显著提升。按照重点支持饮用水水源保护、出境断面水质改善、农村污染减排项目的要求，完成 96 个村庄的环境综合整治；以开展农村生活污水处理和垃圾处理为重点，对北京市 2 000 多个村庄进行了环境整治，建立了“户分类、村收集、乡镇运输、区县处理”的农村生活垃圾收集储运处理体系。

8．环境监管能力建设加快推进

环境监测预警体系日趋完善。建成由 35 个自动监测子站组成的空气质量监测网络；调整完善了自动、手工相结合的地表水环境质量监测网络；将土壤环境质量监测纳入例行监测体系；建立了电磁环境自动监测系统，建设国内首个电磁环境自动监测及数据实时发布示范工程。建成以国、市控重点污染源为主的污染源自动监控系统，实现了重点污染源基础信息及监控数据的信息共享。强化市区两级重点排污单位监督性监测及信息公开。开展了区县环境监测站达标建设与验收工作，14 个区县级环境监测站通过标准化验收，北京市环境监测系统通过环保部标准化建设整体验收。

环境执法监察体系逐步健全。北京市环境监察管理系统建成使用，形成行政许可、监督管理、技术支持和处置应急四位一体的市级辐射安全监管体制，各区县增设了机动车排放管理站，配备机动车遥感监测车上路执法检查；完成环境监察管理平台建设，开展移动执法系统建设。成立了市环境应急与事故调查中心，构建了统一指挥、功能齐全、快速反应、运转高效的环境应急工作机制，形成了“二大三小六专项”的北京市环境应急预案体系，即突发环境事件应急预案、重污染天气应急预案；突发环境事件应急实施办法、应急监测预案和辐射应急预案；以及涉氨、涉氯、危险化学品、交通事故等引发的突发环境事件风险防控技术导则等。

环境信息化建设疾步前行。构建了“以环境数据资源为中心的环境信息标准规范体系、环境信息安全保障体系和环境信息运维管理体系，以及环境信息智能感知平台、环境信息基础支撑平台、环境信息综合应用平台”的环境信息化管理框架；初步建成京津冀及周边地区大气污染防治联防联控信息共享平台；将物联网技术应用于35个$PM_{2.5}$环境监测子站，手机版空气质量信息发布平台投入使用。

9．规划实施保障体系不断完善

健全环境目标责任考核体系，将空气中主要污染物浓度下降率、主要污染物总量减排完成率、跨区县界水体断面达标率和声环境质量达标率等四项指标纳入区县政府绩效考核体系。将规划环评作为推动环境保护参与综合决策的重要抓手，相继完成了市级能源、工业、交通、水务、轨道交通建设等专项规划环评以及干线公路网规划环评。制定完善了《北京市大气污染防治条例》等9项地方环保法规规章，制（修）订39项地方环保标准，建立了国内领先的环境标准体系。

强化经济政策在环境治理中的作用，在全国率先大幅提高二氧化硫等四项主要污染物收费标准，并根据污染物排放情况实行阶梯式、差别式征收，开征施工扬尘排污费和针对家具制造、包装印刷等5大行业的挥发性有机物排污费。全面实施燃煤电厂脱硫脱硝电价政策，全面建立企业环境行为信用评价体系，实施水环境区域补偿政策，上下游区县政府间因污染物超过断面水质考核标准和未完成污水治理任务，进行经济补偿。

持续加大环保资金投入力度，2015年环境保护财政投入达到85.4亿元，是2011年的12.7倍，环境污染治理投资增长2倍左右。每年安排约30亿元节能减排及环境保护专项资金用于环境污染防治和生态保护与建设，累计安排市政府固定资产投资83亿元用于再生水厂、配套管网以及流域水环境综合治理，并把污水处理作为市场化重点领域。继续实施“以奖代补”，对四项主要污染物实现了奖励全覆盖，每年安排资金过亿。

初步形成共防共治格局。不断拓宽政府环境信息公开范围，重点排污单位环境信息、建设项目环境影响评价文件等信息及时更新；实施有奖举报，鼓励市民监督环境违法行为，公众参与环境保护的渠道进一步拓宽。利用“环保北京”微博、“京环之声”微信公众号等媒体，加强与公众互动交流。创建26家环境教育基地，环境保护纳入干部培训教育体系。开展形式多样的环保公益活动，广大市民主动参与环境保护、积极践行绿色生活理念的意识大幅提升。

区域联防联控深入推进。坚持将大气污染联防联控作为京津冀协同发展的优先领域。牵头建立京津冀及周边地区大气污染防治协作机制，建立健全信息共享、执法联动、合作治污、联合宣传、空气重污染监测预警和应急响应联动等机制，推动出台京津冀区域加大天然气、优质煤、国Ⅴ标准油品供应等政策。

九、“十三五”环境保护和生态建设规划

（一）制订背景

“十二五”时期，经过全市的共同努力，环境保护取得了有目共睹的进展，但仍然面临着空气质量未达到国家标准、城市中下游地表水水质普遍超标，污染排放远超环境承载能力、污染治理难度大等问题。同时，环境保护工作迎来难得的历史机遇，生态文明建设成为“五位一体”总体布局的重要组成部分，绿色发展成为五大发展理念之一，国家出台了生态文明建设意见和体制改革总体方案，修订了《环境保护法》和《大气污染防治法》，实施了三大污染防治行动计划，京津冀区域定位为“生态修复环境改善示范区”，环境保护成为北京市落实“四个中心”的城市战略定位、建设国际一流、和谐宜居之都的重要内容。“十三五”是落实首都城市战略定位、率先全面建成小康社会的关键时期，做好环境保护和生态建设工作意义重大。2015年，市环保局启动了全市重点专项规划《北京市“十三五”时期环境保护和生态建设规划》编制工作，在与《全国“十三五”生态环境保护规划》衔接的基础上，于2016年12月由市政府印发。

“十三五”期间，北京市将围绕首都城市战略定位和京津冀协同发展，落实国家《“十三五”生态环境保护规划》，聚焦大气、水、土壤污染防治三个重点，全面推进环境污染防治，推进形成绿色发展格局，持续加强环境风险防控，努力提升环境治理能力。规划提出了污染防治主要措施和提升环境治理能力主要任务，并将推进形成绿色发展格局作为生态环境保护的首要措施。

（二）规划目标

到2020年，主要污染物排放总量持续削减，大气和水环境质量明显改善，土壤环境质量总体清洁，生态环境质量保持良好，环境安全得到有效保障。

环境质量——空气中细颗粒物年均浓度比 2015 年下降 30%左右，降至 56 μg/m^3 左右，全市空气质量优良天数比例达到 56%以上；水体达到或好于Ⅲ类的比例稳定在 24%，劣Ⅴ类水体比例降至 28%；区域环境噪声平均值力争控制在 55 dB 以内，交通噪声平均值力争控制在 70 dB 以内。

污染物排放总量——与 2015 年相比，全市二氧化硫、氮氧化物和挥发性有机物排放总量分别减少 30%、20%和 20%以上；化学需氧量和氨氮排放总量分别减少 14%和 16%以上。

生态环境建设——生态保护红线区面积比例达到国家要求，森林覆盖率提高到 44%。

（三）主要任务

1．推进形成绿色发展格局

（1）积极开展联防联控

一是推动环境管理一体化。配合国家有关部门做好联防联控顶层设计，推动区域绿色货运体系建设，逐步统一区域机动车排放和油品标准，积极推进上下游横向生态保护补偿，积极配合京津冀区域生态环境监测网络建设，健全区域环境污染事故应急联动机制。

二是完善协作机制。建立京津冀环境信息共享平台和执法联动机制，制定区域大气污染防治中长期规划，建立区域流域水污染治理协作机制，推进环首都国家公园体系建设。

三是在重点区域实现突破。全面推动京津冀生态涵养区保护和建设，构建冬奥会绿色环境保障体系，统筹北京城市副中心、东部各区与廊坊北部三县的规划建设，共同打造京津冀协同发展示范区。

（2）严格落实首都城市战略定位

一是疏解非首都功能。不断完善新增产业的禁止和限制目录，退出铸造、锻造、沥青防水卷材等行业以及使用有机溶剂涂料的家具制造、木制品加工工艺，退出排污强度大、排放重金属等有毒有害污染物行业的产能。

二是控制用能总量。推进能源结构清洁化，到 2020 年，全市能源消费总量控制在 7 651 万 t 标准煤以内，形成以电力和天然气为主体、新能源和可再生能源为辅助的能源供应体系。

三是控制用水总量。进一步严格水资源开发利用红线管理制度，实施用水总量调控，形成生产用水负增长、生活用水控制增长、生态用水适度增长的量水发展新模式，到2020年，全市用水总量控制在43亿m^3以内。

四是控制建设规模。划定城市增长边界，严控建设用地规模，大力压缩全市开复工总面积，到2020年，全市城乡建设用地控制在2 800 km^2以内。

（3）努力拓展绿色发展空间

一是划定生态保护红线。完善管理制度，制定生态保护红线区管理办法。

二是加强西、北部生态涵养区的生态保护和建设。实施京津风沙源治理等重大生态工程，全面完成全市宜林荒山绿化，完善平原地区主要道路、河流两侧绿色生态廊道，加强森林抚育，到2020年，全市森林覆盖率达到44%，形成山区绿屏、平原绿网、屏网相连、绿满京华的城市森林格局。

三是扩大绿色休闲空间。推动城区多元增绿，加快道路绿地景观、滨水绿廊和公园绿地建设，整体推进功能性小城镇绿地系统建设。

四是加强湿地保护。恢复和建设大面积、集中连片生态湿地和湿地公园，恢复湿地8 000 hm^2，新增湿地3 000 hm^2，构建“一核、三横、四纵”湿地格局。

五是提高自然保护区管理养护水平。编制自然保护区人为干扰负面清单，实施生态保育工程，建立生态环境动态评估机制。

2．全面开展环境污染防治

（1）深化大气污染协同减排

推进交通运输系统污染减排。一是坚持机动车总量控制政策，在新增机动车中进一步提高新能源车比例。建设以轨道交通为主的公共交通体系，到2020年，中心城区绿色出行比例达到75%以上。二是优化机动车结构。力争提前执行机动车新车第六阶段排放标准；公交等行业新增重型柴油车全部安装壁流式颗粒捕集器，加快退出低排放标准机动车；到2020年，全市在用燃油出租车力争达到国Ⅴ及以上标准；推动城市公交等行业车辆基本更新为新能源或国Ⅳ及以上标准车辆。三是加强机动车排放监管。开展新车环保一致性和在用车符合性检查，严查在用车辆尾气超标排放行为；加强进京路口检查，禁止未达标车辆驶入本市；2020 年起，外埠过境的小客车、重型柴油车应达到国III排放标准。四是对油品实施监管。推动非道路动力机械使用车用油品或品质不低于车用油品的油料。实现规模以上加油站油气回收远程监测、管理和控制。除特殊车型外，机场地面支持设备和车辆全部使用电能；鼓励进京铁路机车改用高品质柴油。

基本实现能源消费清洁化。一是推进平房居民煤改清洁能源，2020 年平原地区基本实现平房采暖“无煤化”。二是基本完成燃煤设施清洁能源改造；燃气电厂非采暖季调峰发电、采暖季“以热定电”，华能燃煤发电机组关停，实现全市发电用能清洁化；2020 年年底前，实现全市平原地区基本无燃煤锅炉，各类经营性服务行业燃煤设施全部改用清洁优质能源；设施农业的燃煤量削减 50%，保留部分全部使用优质煤。三是燃气锅炉低氮燃烧改造。2017 年基本完成在用燃气锅炉改造，实现氮氧化物达标排放。

削减工业污染排放总量。一是加大落后产能淘汰力度。淘汰建材、化工、机械、印刷等行业污染排放大的企业，退出有机溶剂型涂料生产、沥青类防水材料生产、人造板生产企业以及使用有机溶剂型涂料的家具制造、木制品加工工艺。以处置城市危险废物为核心，适度保留水泥产能；2017 年年底前，完成 50 个重点区域、200 个重点行政村的“散、乱、污”企业清理整治。二是推进重点行业环保技术升级。石化行业实施泄漏检测修复工程，将各密封点的泄漏率控制在 1%以下。汽车制造、印刷等行业，确保废气排放达标。三是构建清洁生产审核体系。2017 年年底前，19 个市级以上工业园区全部建成生态工业园区，石化、汽车制造、机械电子等重点行业开展强制性清洁生产审核，鼓励开展自愿性清洁生产审核。到 2020 年，完成 400 家以上企业的清洁生产审核，其中强制性审核 150 家。

全面防治“三尘”污染。一是多措并举控制扬尘。严格执行《绿色施工管理规程》(DB 11/513—2015)，对未达到扬尘控制要求的施工企业，高限征收扬尘排污费，并纳入企业信用体系；推进市政、水务工程分段施工和轨道交通密闭作业；研究推进施工工地场界空气中颗粒物在线监测、评价和考核；大力推动新建建筑装配式建造，到 2020 年，实现装配式建筑占新建建筑的比例达到 30%以上。禁止出租、使用排放超标施工机械，划定禁止高排放非道路施工机械使用区域。二是减少城市道路和郊区公路扬尘。组织开展道路分级清扫保洁，严格城市道路保洁考核标准，2020 年城市道路机械清扫新工艺作业率达到 92%；加大郊区公路的除尘清扫保洁力度。三是加强其他领域扬尘管理。原则上五环路内不再保留混凝土搅拌站。对使用水泥、砂石等粉状物料的企业，开展储存和运输全密闭改造；建立源头严控、过程严管、后端严惩的施工运输车辆管理体系，严禁道路遗撒；实现对建筑垃圾运输车辆的全过程监管。

拓展大气污染治理新领域。一是治理农业氨污染。有序压缩农业生产和养殖业规模；保留的种植业降低农药、化肥等使用强度和总量，减少设施农业的挥发性有机物和氨排放；全面完成规模化养猪场、养牛场粪污治理。二是开展生活和服务业污染防治。推进饮食服务经营场所和单位食堂安装高效油烟净化设施，并确保正常使用。鼓励更新使用油脂分离度达到 95%的家用吸油烟机。汽车维修等服务业加强大气、水、危险废物的排放管理，污水处理厂对恶臭污染较重的工艺单元实施密闭收集和净化处理，公用工程等领域推广使用低挥发性有机物含量的涂料和胶黏剂。

（2）统筹水污染防治和水资源补给

严格保护饮用水水源。在密云水库、怀柔水库水源涵养区建设 200 条生态清洁小流域，完成全市各级饮用水水源保护区调整工作和标志设置，依法清理保护区内违法建筑和直接排污口，完成加油站防渗漏改造；加强饮用水水质预警和管理。

提高污水处理能力。全面完成污水处理和再生水利用设施建设两个三年行动计划，新改扩建污水处理厂或再生水厂 44 座，2020 年城镇污水处理能力达到 726 万 m^3/d、再生水利用量 12 亿 m^3。建立覆盖城乡的污水处理厂在线监控系统。建设高碑店等污泥无害化处理处置工程，基本实现全市污泥安全无害化处理处置。加快现有雨污合流的排水系统分流改造，2020 年全市新建和改造污水管网 1 347 km，基本实现建成区和城乡结合部污水全收集。及时清运城市垃圾，禁止违法倾倒，严控进入城市排水系统；推进雨水收集系统建设，调蓄处理初期雨水面源污染；在城市副中心开展“海绵城市”建设试点。

减少农业农村污染排放。禁止新建、扩建规模化畜禽养殖场（育种、科研用途除外），依法关闭或搬迁禁养区内的畜禽养殖场（小区）。开展农作物病虫害绿色防控，推广科学施肥技术，2020年化学农药、化肥施用量分别减少15%和20%以上。因地制宜解决农村污水收集处理问题，2020年完成城乡结合部等重点地区760个村的污水收集处理设施建设。

严格工业废水达标管理。全市污水排放企业应建设污水处理设施或者委托处理，实现达标排放。工业园区污水集中处理设施安装污染物排放自动在线监控装置，并与环保部门联网。逐步建设完善渗滤液处理设施在线监测系统，实时监控排水量和排水水质。

提高河湖自净能力。推进永定河、潮白河、北运河绿色生态廊道工程建设，完成清河、凉水河、通惠河等河道环境综合整治。2018年建成区全面消除黑臭水体；推行“河长制”，开展截污控源、河道精细化管理和河道两侧垃圾专项整治行动。争取进一步增加南水北调进京水量，采取再生水、清水、雨洪水联合调度等措施，补给河湖生态用水，加大外流域调水和水系连通工程建设力度。

（3）积极开展土壤污染防治

以农用地和重点行业企业用地为重点，开展全市土壤环境质量调查与评价。2018年年底前查明农用地土壤环境状况。2020年年底前完成重点行业企业用地土壤环境调查与评价。

严格预防新增土壤污染，新建排放有机污染物或重金属污染物的建设项目，要进行土壤环境影响评价，落实土壤污染防治措施；2017年年底前，公布土壤环境重点监管企业名单并动态更新，重点监管企业开展土壤环境监测；建立饮用水水源地土壤环境监测预警机制；严格控制未利用土地的开发。

实施农用地土壤环境分类管理，将未受污染和轻微污染耕地划定为优先保护类，确保其面积不减少、土壤环境质量不下降；将轻度和中度污染耕地划为安全利用类，采取措施降低农产品超标风险；将重度污染耕地划为严格管控类，严禁种植食用农产品。

建立调整退出企业用地筛查工作机制，逐步建立潜在污染地块名录及开发利用负面清单，严格风险管控，合理确定土地用途；不符合土壤环境质量要求且确需开发利用的，开展污染地块土壤治理修复工程。

（4）深入推进其他污染防治

进一步提升城镇生活垃圾分类运输、分类处理能力，2020年全市生活垃圾无害化处理率、资源化率分别提高到 99.8%和 60%以上，实现原生垃圾零填埋。建设建筑垃圾处理设施，2020 年全市工业固体废物综合利用处置率达到95%以上。支持京津冀及周边地区一般工业固体废物和废弃电器电子产品的协同利用。健全新能源车动力电池报废回收处理体系。

加强电磁辐射环境质量常规监测和电磁辐射设施的监督性监测，优化监测网络；完成大型电磁发射设施周边电磁环境调查和电磁辐射水平监测。开展电磁环境科普宣传，依法、稳步推进电磁环境信息公开。

完成声环境功能区划调整工作，研究建立反映噪声暴露水平的噪声评价新体系。在高速公路、快速路两侧噪声敏感建筑物比较集中的路段，实施降噪工程；加强民航、铁路等行业的噪声污染防控；重点对餐饮业、娱乐业、商业等领域的企业以及冷却塔等设施超标固定声源进行限期治理；推广低噪声施工机械。

3．持续加强环境风险防控

（1）切实加强核与辐射安全监管

严格控制新增反应堆等核设施，在确保安全的前提下，推动现有老旧核设施逐步退役；提高Ⅰ、Ⅱ类高风险放射源的准入门槛，开展放射源寿期退出、高风险放射源强制退役试点；逐步退出与首都城市战略定位不相适应、辐射安全风险较高的核与辐射活动。

完善辐射安全监管平台功能，实现对放射源的全生命周期监管和对射线装置的全覆盖监管。完善辐射安全监管跨部门协作机制，到 2020 年，基本完成重点放射源和Ⅱ类射线装置单位的规范化管理评估工作。

落实辐射安全主体责任，督促辐射工作单位加强规范化建设；在全市辐射工作单位中大力开展核安全文化建设活动，2020 年年底前重点单位全部通过“辐射安全规范单位”创建评估。

完成城市放射性废物库的设备和信息管理系统升级，提高城市放射性废物库的规范化管理水平；规范放射性废物的分类暂存、解控和处置，对已收贮的废旧放射源和放射性废物进行清洁解控和处置。

（2）严格危险废物和化学品管理

建立医疗废物分类统计收集、按年申报登记制度；加强对含氰金矿尾矿的监测和风险防控，开展废矿物油、废弃荧光灯、实验室废液等社会源危险废物的分类收集、回收利用和处理处置试点。实施危险废物重点单位风险分级管理，开展危险废物集中处置单位年度环境状况评估，建设危险废物管理信息系统。

严格重金属和化学品监管。鼓励开展涉重金属产品的原材料替代，实施含重金属工业废水的深度治理，确保重点行业重金属排放量不增加。开展环境激素类化学品、持久性有机污染物统计调查工作。

（3）提高环境应急处置能力

针对危险化学品生产单位、危险废物集中处置单位等重点行业，建立环境风险源管理系统；探索建立工业园区有毒有害气体泄漏、水污染突发事件监测预警与风险防范体系。建成覆盖各区、各工业园区以及重点单位、重点风险源的环境应急指挥系统；完善环境应急监测技术方法和设备，全面提升应急监测能力；建立环境应急专业物资储备库，提高应急综合保障能力。

4．努力提升环境治理能力

（1）构建多元共治体制机制

制定全市各级党委、政府及有关部门的生态环境保护责任清单，各级党委、政府对辖区环境质量负责。行业主管部门对本行业、本领域的环保工作和环境监管工作负责，综合执法部门履行监管责任。建立环保督察制度和党政领导干部生态环境损害责任追究制度，实施自然资源资产负债统计、党政领导干部自然资源资产离任审计制度，建立健全以环境质量改善为核心的生态文明建设目标评价考核办法。

构建与生态文明建设相适应的企业环境信用评价制度，将企业环境行为纳入社会信用体系。重点排污单位全面加强污染治理，及时公开污染排放监测结果等环境信息，制定实施生态环境损害赔偿制度。

健全政府环境信息公开机制，依法公开环境质量、污染源监管、行政许可、行政处罚等各类环境信息。健全公众参与制度，畅通 12369 投诉举报热线等渠道，实施有奖举报制度，聘请环保监督员，鼓励公众监督。

充分利用各类媒体加大对生态环境保护政策法规标准的解读，多方式、多途径深入开展生态环境保护科普教育，把生态文明作为中小学素质教育的重要内容，纳入国民教育体系。累计建设 50 家以上环境教育基地。创建市级环保类枢纽型组织，成立北京绿色传播联盟，打造北京环保宣传微平台，成为集权威发布、信息共享、全民参与于一体的传播交流平台。

（2）发挥经济政策引导作用

健全以政府投入为主导、社会资本广泛参与的环保投融资体系，构建绿色金融体系，设立绿色发展基金，动员和激励更多社会资本投入绿色产业。建立健全排污者付费、第三方治理的专业化、市场化治污机制。制定实施有利于保护环境、推动绿色发展的经济政策，建立主要污染物排污收费标准动态调整机制；在健全排污许可制度基础上，开展初始排污权核定；完善水环境、生态建设的区域补偿机制。

（3）完善环境监测监管体系

完善环境监测制度，推进监测数据共享，实施环保监测系统垂直管理改革。升级大气环境质量监测网络，深入开展污染成因和空气污染演变趋势分析研究；增加水质自动监测站点数量，加强跨界断面水质监测；建立土壤环境监测网络，针对不同类型土壤环境开展例行监测；提升生态环境专项监测水平，建设天地一体的生态遥感监测系统；提升污染源排放监测技术水平，实现重点行业特征污染物监测指标全覆盖。

推动建立街道（乡镇）环保管理机构，构建“市—区—街道（乡镇）”三级监管网络。推进环境监察执法垂直管理改革，加快推进环境监察基层队伍建设。通过分期分批核发排污许可证，实现对重点污染源的“一证式”管理；依托城市网格化管理平台，建立健全网格管理员发现报告、指挥中心分派、执法部门查处机制；健全环境监测、执法监管联动机制。

（4）强化生态环境保护管理

健全严格的法规标准体系。制定实施排污许可证管理办法、放射性污染防治若干规定等地方法规，推进排污权有偿使用和交易立法工作。制定餐饮、有机化学品制造等行业以及建筑类涂料、胶黏剂挥发性有机物含量限值标准；修订大气污染物综合排放标准、生活垃圾焚烧大气污染物排放标准等；制定一批污染控制技术规范、监测技术规范和污染物排放控制技术导则，建立动态的环保标准体系和评估机制。

提高科技支撑能力。以科技创新促进精准治污。深入开展细颗粒物形成机理等方面的基础性研究，更新全市环境基础数据，逐年更新大气污染物排放清单，编制水污染物排放清单。健全环保技术创新应用体系。

建立生态环境信息资源共享数据库，深化物联网、大数据等技术在生态环境管理中的应用。

第二节　环境污染防治目标和对策（1998—2002 年）

一、制定背景

20 世纪末，北京的环境问题引起国内外的广泛关注。国家领导人多次指出：北京是首都，代表国家形象，要以高度的政治责任感抓好首都的污染防治工作。

1996 年 7 月，国务院召开的第四次全国环境保护会议，提出保护环境是实施可持续发展战略的关键，保护环境就是保护生产力，做出《国务院关于加强环境保护若干问题的决定》，明确了跨世纪环境保护工作的目标、任务和措施。这次会议确定了坚持污染防治和生态保护并重的方针，决定开展大规模重点城市、流域、区域、海域的污染防治及生态建设和保护工程。“九五”期间，国家将“三河”（淮河、辽河、海河）、“三湖”（太湖、滇池、巢湖）、“两区”（酸雨控制区、二氧化硫污染控制区）、“一海”（渤海）、“一市”（北京市）的污染防治工作，作为全国环保工作的重中之重（即“33211”工程），北京市被列为全国污染防治的重点城市。

为了尽快改善环境质量，市政府根据国务院决定要求，组织有关部门就北京市环境污染现状、形成原因及危害程度进行了深入的调查研究，并根据北京市的自然条件、资金和资源供给能力，以及治理工程周期等情况，在科学分析、测算和综合比较的基础上，提出了治理方案，并组织专家论证，制定了《北京市环境污染防治目标和对策（1998—2002 年）》（以下简称《目标和对策》）草案，并于 1998 年 11 月 13 日，与国家环保总局共同上报国务院。

1999 年 3 月 12 日，国务院总理办公会讨论了《目标和对策》。朱镕基总理强调：治理北京的环境污染要有紧迫感，一定要下决心。筹集资金主要靠北京市，但中央财政要给予支持。他要求北京市加强管理，从技术政策上进行论证，求得少花钱也能达标。

1999 年 10 月 31 日，国务院对《目标与对策》进行了批复，同意北京市制定的环境污染防治目标；北京市环境污染防治所需资金主要由北京市筹集，中央财政给予适当支持；同意北京市按照有关规定提高二氧化硫排污费标准、提高污水处理费收费标准、开征垃圾处理费等；要求北京市认真组织实施《目标和对策》，坚持可持续发展战略，加大产业结构调整力度，加大环境执法力度，严格监督管理，确保各项政策措施的落实。此外，北京市及周边地区要加强生态环境建设，开展植树造林、防风固沙、保护水源、小流域治理等，形成保护首都环境的生态屏障。国务院批复指出：北京是我们伟大社会主义祖国的首都，是全国的政治中心和文化中心，是国内外交往的窗口，也是全国环境污染治理的重点地区。做好北京市的环境保护工作，改善首都的环境质量，不仅关系国家的声誉和民族的形象，也关系广大群众的身体健康和生活质量。北京市要广泛动员广大市民和社会各界参与环境整治，扎扎实实地开展工作，为把北京市建设成为清洁、优美、现代化的文明城市作出贡献。

1999 年 12 月 24 日，市政府和国家环保总局转发并贯彻落实国务院关于《目标和对策》批复的通知。通知指出：《目标和对策》是一项艰巨而紧迫的任务，各级领导要高度重视、全社会要积极参与，市环保局负责对《目标和对策》各项任务的完成和落实情况进行监督检查，及时向市政府报告。市监察局要加强对各责任单位的行政效能监察，保障政令畅通，对未按《目标和对策》任务分解要求落实措施或完成任务的，要追究其领导人的责任。

二、规划目标

根据中央领导同志的指示和《北京城市总体规划（1991—2010 年）》，为体现首都的城市性质和功能，北京市确定了建设生态环境一流的国际化城市、环境质量达到国际大都市生态环境水平的远期环境目标。到 2010 年以前，全市大气、水体及市区与郊区城镇地区声学环境全面达到国家环境质量标准。

根据中长期环境保护目标，结合北京的具体工作实际，确定近期环境目标为：1999 年，市区环境质量有所改善，以良好的环境迎接国庆 50 周年；2000 年，市区环境质量明显改善，非采暖期的空气质量、城市中心区地面水环境基本达标，工业污染源全部达标排放；2002 年，市区环境质量按功能区划基本达到国家标准，工业污染物排放总量持续削减，郊区生态环境质量有所改善。

近期市区空气质量目标、全市河湖水体功能目标、固体废物污染防治目标见表 3-10、表 3-11、表 3-12。

表 3-10　北京市市区空气质量目标

项目	1998 年			1999 年			2000 年			2002 年		
	二级以下保证率	三级以下保证率	四级以上天数	二级以下保证率	三级以下保证率	四级以上天数	二级以下保证率	三级以下保证率	四级以上天数	二级以下保证率	三级以下保证率	四级以上天数
SO_2	68%	84%	58	78%	89%	40	80%	94%	22	84%	97%	11
TSP	35%	83%	59	42%	85%	55	54%	92%	29	72%	97%	11
NO_x	38%	64%	132	48%	73%	100	57%	81%	70	74%	94%	22
主要污染物的污染指数日报	27%	61%	141	32%	70%	110	45%	80%	73	60%	90%	37

注：二级以下、三级以下分别含二级、三级。

表 3-11　北京市河湖水体功能目标

	水体名称	水质目标	水质现状	1999 年水质预测	2000 年水质预测	2002 年水质预测
城市中心区河湖	京引昆玉段	II	II	II	II	II
	长河	III	III～IV	III	III	III
	六海	III	III～IV	III	III	III
	永引	II	III	II	II	II
	筒子河	IV	V	IV	IV	IV
	北护城河	IV	V	IV	IV	IV
	南护城河	IV	劣 V	IV	IV	IV

	水体名称	水质目标	水质现状	1999年水质预测	2000年水质预测	2002年水质预测
城近郊区河流	通惠河	Ⅳ（上）/Ⅴ（下）	劣Ⅴ	劣Ⅴ	Ⅳ（上）	Ⅳ（上）/Ⅴ（下）
	坝河	Ⅴ	劣Ⅴ	劣Ⅴ	Ⅴ	Ⅴ
	亮马河	Ⅳ	劣Ⅴ	Ⅳ	Ⅳ	Ⅳ
	二道沟	Ⅳ	劣Ⅴ	劣Ⅴ	Ⅳ	Ⅳ
	北土城沟	Ⅳ	劣Ⅴ	Ⅴ	Ⅳ	Ⅳ
	凉水河	Ⅳ（上）/Ⅴ（下）	劣Ⅴ	劣Ⅴ	劣Ⅴ	Ⅴ
	清河	Ⅳ（上）/Ⅴ（下）	劣Ⅴ	劣Ⅴ	劣Ⅴ	Ⅴ
远郊县	妫水河	Ⅱ	Ⅳ	Ⅳ	Ⅳ	Ⅱ
	潮白河下游	Ⅳ	劣Ⅴ	劣Ⅴ	劣Ⅴ	Ⅳ
	句河	Ⅴ	劣Ⅴ	劣Ⅴ	劣Ⅴ	Ⅴ
	温榆河上游	Ⅳ（上）	劣Ⅴ	劣Ⅴ	劣Ⅴ	Ⅳ

表 3-12　北京市固体废物污染防治目标

类别	指标项目	国家要求	1998年目标	2000年目标	2002年目标	2010年目标
工业固废	工业固体废物综合利用率/%		76.8		80	
危险废物	安全处置率/%	2005年达到100%			100	
	医疗废物集中焚烧率/%				70	
放射性废物	城市放射性废物管理率/%	管理率100%		100		
城市生活垃圾	全市生活垃圾无害化处理率/%	2000年达到60%	50	80	90	100
	全市车行道机械化清扫率/%		59.4	60	80	100
	全市生活垃圾容器化收集率/%	2000年达到95%	88	95	100	
	一次性废弃塑料餐盒回收率/%		50	60	65	

三、主要措施

宏观对策：坚持可持续发展战略和科教兴国战略，完善城市功能，调整产业、产品结构和产业布局，依靠科技进步，把北京建设成为节水、节能型城市；增加投入，加强环境建设；加强法制建设，强化管理，落实环境保护目标责任制；加强宣传教育，提高全民环境意识，发挥基层社会组织作用，开展环境综合整治。

（一）防治大气污染

防治大气污染重点是控制煤烟型污染、机动车污染和扬尘污染，防治重点地区是市区。

1．控制煤烟型污染

强制推广使用低硫低灰分优质煤。2000 年推广使用 500 万 t 低硫低灰分优质煤，2002 年达到 800 万 t。

增加清洁能源使用量。2000 年确保使用天然气 10 亿 m^3，2002 年使用量增加到 18 亿 m^3。2002 年增加液化石油气供应 30 万 t，增加轻柴油等液体能源供应 100 万 t。

发展集中供热。2002 年城市热电厂供热面积提高到 6 000 m^2 左右。

积极利用电、太阳能等其他清洁能源。

加速重点工业污染源治理。首钢总公司和各电厂完成相应除尘、脱硫、脱氮治理工程。

建设无燃煤区，加强节能工作。实施建筑节能、采暖供热系统节能、工业技术改造节能等措施。

实施以上对策，按燃料（不含原料煤和车用燃料）实物发热量计算，2002 年市区燃料结构中煤炭所占比重将由 1998 年的 78%下降到 58%，清洁燃料比重由 22%上升为 42%。

2．机动车污染控制

大力发展公共交通，改善道路交通系统。

控制新车污染，实施源头削减。逐步完善机动车排放标准。1999 年开始执行相当于欧洲 1992 年水平的轻型车排放标准。

控制在用车污染。严格执行在用车淘汰报废制度，到 2002 年累计淘汰 60 万辆。

发展清洁燃料车。公交、出租、环卫和邮电等系统出行频率较高的车辆，积极推广使用清洁燃料。

加强油品管理，严格执行有关质量标准。

加强机动车排气检测。保证 2002 年尾气达标率达到 90%以上。

3．扬尘污染控制

严格施工工地环保管理，工地必须全面达到环保标准。

落实“门前三包”责任制，扩大绿化、铺装面积，最大限度地减少裸露地面。

扩大道路机械化洒水、清扫面积，增加机械化清扫、洒水车辆。加强建筑弃土运输资质管理，加大遗洒检查、处罚力度，杜绝车辆遗洒。

淘汰落后工艺，加强污染治理，降低工业粉尘排放。

（二）防治水污染

全面落实《北京市海河流域水污染防治规划》，加强饮用水水源保护、市区河湖整治和城市污水处理与回用工作。

1．饮用水水源保护

保证密云水库和怀柔水库的水质清洁。完成 27 km 围网，杜绝旅游污染。开展上游 475 km^2 小流域治理。在密云水库周边推广生物防治，合理施用化肥。

完善污水管网。在自来水三厂、四厂水源保护区内，修建 81 km 污水管线，消灭渗井、渗坑，消除污染隐患。

加强与官厅水库上游地区的环保合作。

2．防治河湖污染

整治市中心区河湖。对市中心区河湖进行整治，加强河道管理，改善地面水环境质量，实现水清、流畅、岸绿、通航的目标。

完善污水管网，建设城市污水处理厂。1999 年完成高碑店污水处理厂二期工程，2002 年力争完成酒仙桥、清河、卢沟桥、吴家村、小红门等污水处理厂及配套污水管网建设，使 2002 年城市污水日处理能力提高到 242 万 t。在远郊建设 9 座污水处理厂，使污水日处理能力达到 37.5 万 t。

开展城市污水综合利用。2000 年完成回用高碑店污水厂日出水 50 万～60 万 t 的污水资源化项目，用于工业用水、补充河道和市政杂用水，其中市政杂用水约 5 万 t。在建设污水处理厂的同时，制订并实施污水资源化计划，完善中水回用政策，促进污水资源化。

认真贯彻实施《北京市城市河湖保护管理条例》，保护水环境，开展水利监督工作。

工业污水2000年全面达标排放。

（三）防治工业污染

大力发展首都经济，促进高新技术产业的发展，稳步提高“三产”比重，严格控制能耗大、排污多的工业行业生产规模，加快生产工艺科技进步和产品更新换代，减少工业污染物排放总量。

1. 实现所有工业污染源达标排放。对570个市属企业和558个区县属及乡镇企业实行限期治理，确保到2000年所有工业污染源达标排放。

2. 调整产业产品结构，减少污染物排放。首钢总公司要在总量控制的前提下，着重向多品种、深加工方向发展；化工行业要进行较大的结构调整；建材行业按国家要求淘汰落后工艺、设备；今后不再建设燃煤电厂。

3. 加快市区工业污染源搬迁。2002年以前搬迁已列入计划的125个工业污染企业，落实四环路内其他污染扰民企业的搬迁计划；污染较重的燕山水泥厂要提前实现停产搬迁。

4. 完成一批重点废水、废气治理项目。继续制订污染物排放总量削减计划，加大治理力度，削减污染物排放量。

5. 加强工业固体废物管理。完善固体废物综合利用政策，增加和提高综合利用产品的品种、产量和质量，提高粉煤灰和煤矸石的综合利用率。

6. 采取排污申报登记、“三同时”等管理措施，强化工业污染源（包括乡镇工业污染源）的监督管理。

（四）防治固体废物污染

1. 按照垃圾减量化、资源化、无害化的原则，对城市生活垃圾进行收集和处理。积极推行容器化收集，推广后上式压缩车等密闭收运措施，到2002年，容器化收集率达到100%。

2. 加快垃圾无害化处理设施建设。

完成新建六里屯垃圾填埋场和五路居垃圾转运站工程，以及安定、北神树、阿苏卫垃圾填埋场二期工程，2000年全市垃圾无害化处理率达到80%。2002年提高到90%。

结合郊区城镇规划，建设一批城镇、村镇垃圾处理、处置设施和消纳场所；建立城乡结合部和村镇保洁制度。

结合污水处理厂建设，完成酒仙桥、吴家村、小红门、大屯等粪便处理厂，其他地区也要建立粪便处理设施。

3．治理“白色污染”。2000年塑料餐盒回收率达到60%，2002年达到65%。

4．加强危险废物与放射性废物管理。

（1）建立固体废物管理中心。

（2）完善危险废物申报登记制度和检查、报告制度，完成危险废物集中处理处置示范工程建设。

（3）1999年年底完成8 000多台含多氯联苯的电力设备的易地处理处置。2002年完成市区医疗废物处理处置系统建设。

（五）防治噪声污染

通过居住区与道路的合理规划，提高道路、住宅的减噪、抗噪设计标准，加强管理，鼓励公众参与，努力减轻餐饮、娱乐业噪声和施工、交通噪声（公路、铁路、航空）的污染。预计到2002年，交通噪声将得到控制，全市城镇地区声学环境基本达到国家标准。

（六）加强植树造林，改善生态环境

1．加强周边地区绿化。要加速三北防护林建设，与河北省加强协作，进一步搞好北部绿色保护圈建设，加大密云水库上游周围涵养林的建设力度。2002年使全市林木覆盖率达到45%，形成保护北京生态环境的绿色屏障。

2．加强市区绿化，2000年市区绿化覆盖率超过35%，并逐步提高到40%。

3．按照《北京城市总体规划》和《北京市生态环境建设规划》，加强自然保护区建设，加强旅游环境管理。继续加强水土流失和风沙危害的治理。

4．加强平原地区农业节水工作，合理调整农药、化肥施用水平，加强郊区工业企业和畜禽养殖业的管理和污染治理，完善生态县、村的建设。

5．在郊区城镇建设中，完善城市基础设施建设和相关环境保护工程。

此外，《目标和对策》还提出：提高二氧化硫、城市污水处理收费标准；向居民收取垃圾处理费；完善污染治理、综合利用、清洁能源使用、垃圾分类回收和污染源扰民搬迁优惠等经济政策和管理措施。

预计为实现 2002 年环境污染防治目标共需投资 466.23 亿元。

四、实施情况

1998—2002 年，北京市以控制大气污染为重点，同时加强环境综合整治和生态保护，取得了一定成效。1998—2002 年，北京市环境保护投资达 522.5 亿元，城市集中供热率由 35.4%提高到 56.3%，城市污水处理率由 22.5%提高到 45%，垃圾无害化处理率由 45.8%提高到 86.4%，城市绿化覆盖率由 35.6%提高到 40.57%，林木覆盖率由 36.3%提高到 45.5%。5 年来，国内生产总值从 2 011.3 亿元增加到 4 315 亿元，常住人口由 1 245.6 万人增加到 1 423.2 万人，增加了 14.3%，机动车保有量由 140 万辆增加到 173.4 万辆，增加了 23.9%，市区空气质量二级和好于二级的天数达到 203 天，占总天数的 55.6%；主要饮用水水源水质符合国家标准；城市噪声总体稳定；辐射环境质量维持在正常水平。

在防治大气污染方面，连续实施了八个阶段、上百项措施，取得了明显成效。一是煤烟型污染初步得到控制。天然气供应能力达到 20.5 亿 m^3，累计完成了 1.1 万台茶炉、3.3 万台大灶、6 700 台燃煤锅炉的改造，全部使用了清洁燃料；推广使用低硫优质煤 800 万 t，取缔露天烧烤等，使大气中的二氧化硫达到近 10 年来的最低水平。二是机动车排气污染的加重趋势有所减缓。执行了相当于 20 世纪 90 年代初的欧洲轻型轿车排放新标准，6 万多辆符合新标准的机动车贴了绿色环保标志；报废了 6 万多辆超过使用年限的机动车，治理改造了 19 万辆轿车，3.6 万辆公交、出租车改为双燃料车，天然气公交车达到 1 630 多辆，车用加气站达到 85 座；建设简易工况检测线 60 条，机动车尾气路检合格率达到 91%。三是加强绿化，严格管理，防治尘污染。加强建筑、道路及水利等施工工地管理，裸露地面铺装绿化；市扬尘办各成员单位对市区近 2 000 个工地进行抽查和拉网式检查，工地环保管理不断加强；市区治理裸露土地 2 500 万 m^2；重点地区道路的洒水压尘面积达到 2 000 多万 m^2；272 所学校裸露操场的整治任务已经分解落实，81 所学校的整治进入实施阶段；关停砂石料厂 80 多个，取缔非法开采点 1 130 余个；郊区 8.7 万 hm^2 季节性裸露农田采取了“留茬免耕”等降尘措施。

5 年来，综合治理了市区中心区水系，实现了水清、流畅、岸绿、通航的目标。完成了南线水系河道的治理，加快北环水系综合整治，玉渊潭至高碑店湖的河道实现了通航；酒仙桥、肖家河和清河污水处理厂一期投入运行，市区污水处理率达到 45%；保护饮用水水源工作取得新进展，完成了密云、怀柔水库围网任务，通过强化监督管理、坚决查禁游船游泳等违法行为、限期拆除水库周围违章建筑与无照餐饮点、彻底清理整顿水库周边非法采矿点等措施，保证了饮用水水源水质清洁；远郊区县怀柔、顺义、大兴区和密云、延庆区以及北京经济技术开发区污水处理厂已投入运行。

在防治工业污染方面，全市 5 013 家污染企业中有 99.2%实现了达标排放，提前 7 个月完成了国家规定的污染源达标任务。燕山水泥厂、北京焦化厂、北京化工实验厂等 162 个污染扰民严重的工厂、车间已停产或搬迁；完成了京能热电公司烟气脱硫工程；200 台 20 t 以上燃煤锅炉安装了在线监测仪，并初步实现了联网。

全市 250 个居民小区开展了生活垃圾分类收集试点，建成高安屯和北天堂垃圾处理场，城市生活垃圾无害化处理率提高到 86.5%。加强危险废物管理，并对危险废物经营企业从业人员进行了培训。

编制了《北京市生态环境建设规划》和《北京市自然保护区发展规划》；新建云蒙山、云峰山、雾灵山和房山石花洞自然保护区，全市各级自然保护区达到 17 个，总面积占全市国土面积的 5.27%；完成了北京市生态环境状况调查。三道绿色生态屏障初具规模，全市林木覆盖率达到 43%，水土流失面积治理率达到 60%。

2002 年与 1998 年相比，市区二氧化硫、氮氧化物、一氧化碳、总悬浮颗粒物年均浓度分别下降了 44.2%、10.5%、24.2%和 13%。昆玉河、长河、筒子河、后海、前海等水质基本达到了相应功能水体标准要求，城市下游水体水质有了一定程度的好转；密云、怀柔水库等饮用水水质保持了清洁；基本完成了《目标和对策》确定的任务。

第三节　北京环境总体规划研究（1991—2015年）

一、项目背景

自20世纪70年代初环境保护工作纳入市政府议事日程以来，经过20多年的共同努力，基本控制了北京环境状况的恶化趋势，但由于历史的原因和迅速发展带来的问题，环境问题依然十分突出，亟须全面规划，进行综合治理，尽快达到现代化国际大城市的环境要求。

1990年年初，世界银行对北京的环境状况和发展趋势十分关心，在“北京环境项目”筹备初期提出设立《北京市环境总体规划研究》项目，以提高北京市制订和实施环境保护规划的能力。市政府接受世界银行建议，与世界银行签订协议。1992年成立该子项目领导小组和课题研究组，由市环保局负责组织实施。项目分为规划研究、仪器购置和计算机应用系统研究三部分，于1992年7月—1996年7月开展工作。

市政府有关部门直接领导和参与了规划的研究工作。在项目组织、管理、经费等方面，市计委、市经委、市科委、市外经贸委、市财政局、世行办、投资银行等给予了大力支持。许多政府职能部门和科研机构参加了研究工作，包括市环保局、市环科院、市环境监测中心、市环卫局、市公用局、市规划院、市地矿局、市农业局、市畜牧局、市市政工程局、市属有关工业局/总公司、燕化、首钢、煤炭总公司、北京电力工业局、北京大学、中国人民大学等。在各部门的合作与支持下，项目顺利完成。

项目实施期间，广泛开展国际合作，引进国外的先进规划方法、技术和经验。项目聘请美国科程环保公司（Parsons Engineering Science Inc.）为项目顾问，为规划研究提供咨询服务，包括培训、模型、方案制定、经济分析等，聘用专家来自美国、丹麦、挪威等国。项目执行过程中还先后聘请了瑞典斯德哥尔摩环境研究所（Stockholm Environmental Institute）和美国雷霆公司（Radian Co.），为环境保护规划动态模型和机动车尾气污染控制提供咨询服务。

《北京环境总体规划研究》按最小费用的原则，进行北京市1991—2015年的大气环境质量管理、水质管理、固体废物管理规划研究，并推荐一套规划方案。

二、研究内容

《北京环境总体规划研究》以国务院批准的《北京市城市总体规划（1991—2010年）》为依据，在吸收其规划方案的同时，结合北京经济社会迅速发展的实际情况，研究开发了改善大气、水体质量和固体废物管理的各种对策，并在技术、经济、法律和体制可行性分析的基础上，推荐了一系列环境保护规划方案。

（一）研究目标

《北京环境总体规划研究》的主要目标为研究编制北京市1991—2015年大气、水、固体废物等环境管理与污染控制规划方案，包括：

提出北京1991—2015年的大气质量、水质、城市固体废物管理的最小费用规划。

根据北京市的环境保护目标，调整部门发展规划和城市发展规划，使之与环境总体规划相适应。

完善环境保护规划方法，促进在制定城市发展战略中，城市建设、经济建设与环境建设的协调一致。

通过培训与实践，提高市有关人员的环境管理和污染控制战略最小费用分析能力，开发北京环境管理长期战略规划的方法和支持系统。

建立实施环境保护规划的技术、信息、管理体系，增强实施环境保护规划的能力。

（二）研究范围和对象

《北京市总体规划研究》的对象是大气质量管理、水质管理和固体废物管理的方针、政策、工程措施和投资规划。研究范围为全北京市，面积为16 800 km^2，其中大气管理规划范围为规划市区（1 040 km^2），水质管理规划和大气质量管理规划考虑与北京周围地区的环境关系。

（三）组织形式

根据《北京环境总体规划研究》的目的和研究内容，北京市成立了由市计委、市经委、首规委、市市政管委、市环保局等单位组成的领导小组，指导和协调子项目工作。市环保局为项目负责单位，下设七个研究组，组织了北京市 40 多家有关单位的科技人员参加，并由市环科院的 20 名技术人员组成核心组。

（四）规划原则

北京市环境总体规划遵循的总原则是经济效益、社会效益和环境效益的统一。本规划研究遵循以下原则：

1．与城市建设、经济建设相协调的原则。城市作为生态系统，是一个有机的整体，因此，环境保护规划、社会经济发展规划、城市总体规划要互相协调，达到城市生态系统的良性循环，资源的永续利用，社会经济健康、持续、高速的发展。

2．与周围生态系统规划相协调的原则。城市生态系统是个不完全的人工生态系统，必须得到周围生态系统的支持，同时又影响周围的生态系统，因此区域性的协调发展就显得更重要。

3．要符合城市性质与功能。北京是全国的政治中心、文化中心、国际交往中心，北京各项事业的发展都必须服从和充分体现这一性质，环境保护规划要根据北京的性质与功能，确定环境保护目标，制定环境保护法规。

4．突出最小费用原则。最小费用既是规划的原则，又是规划的主要方法。

（五）研究方法

《北京环境总体规划研究》的研究从影响北京环境质量的主观和客观两个方面的因素入手，客观条件是自然条件和社会经济发展的现状与规划，主观因素是环境管理体制与手段（包括法律和监测手段），污染控制工程能力和技术，在研究过程中采用了最小费用分析（费用优化法）、模拟模型、数据库。

1．最小费用分析

最小费用分析是经济分析的一种方法，即在达到指定的环境目标的前提下，所采取的环境管理规划措施的投资最少。最小费用分析的过程是优化分析的过程。

最小费用规划在对费用的投入数量进行财务、经济和宏观三个层次的效益分析后确定。

2．模拟模型

《北京环境总体规划研究》中采用多个模型，模拟污染物在环境中的扩散规律。

3．数据库

北京社会经济数据库。

水环境质量现状数据库。

大气污染源清单。

固体废物数据库。

北京市工业污染源数据库。

（六）研究内容

通过规划研究，分析当时北京市主要环境问题为：市区大气污染严重，采暖期受 SO_2、TSP 污染，全年均受 TSP 污染。城市下游地表水污染严重，生活饮用水水源受到威胁。地下水多年过量开采，水位下降，硬度和硝酸盐含量升高。城市垃圾无害化处理率低，工业固体废物综合利用率和无害化处置率低。环境问题产生的主要原因为：①市区能源大部分是煤炭，清洁燃料比例小；地处半干旱地区，降雨量少，河流几乎无稀释净化能力。②城市基础设施落后，如城市污水处理能力仅为 20%；集中供热率仅为 24.3%。③受工业结构的影响，许多是耗能、耗水高，污染重的企业，设备老化、技术落后。④城市布局过于集中，规划市区建成区面积仅占全市的 2.3%，却集中了 50%的人口、82%的建筑物和 60%的能源消耗。

规划深入分析北京市的环境目标及污染趋势，提出了北京市的水质管理规划、大气质量管理规划、工业固体废物和城市垃圾管理规划，以及有关的环境政策、法规等。

1．大气质量管理

规划市区 1991 年在采暖期大气环境中 SO_2、TSP、CO、NO_x 的浓度都超过国家大气环境质量二级标准，污染是严重的。非采暖期 TSP 超过标准，而 CO 和 NO_x 在干道两侧也超过标准。

市区大气污染主要由燃煤造成，其中采暖锅炉占有突出位置。供应清洁能源是改善大气质量的关键。天然气进京后首先供应低矮面源，热效率低的茶、浴炉，大灶和小煤炉，其次供给面源锅炉，由于天然气数量有限，部分面源锅炉仍需用煤，但可用优质煤替代。

产生光化学烟雾的代表物质 O_3 基本同碳氢化合物的排放量呈线性关系，如果采用机动车保有量中方案，大气环境中 O_3 的浓度大体与 1992 年相同，如采用机动车保有量高方案，则到 2015 年所有监测点都不超过三级标准。

工地建筑尘和地面扬尘在大气环境 TSP 污染方面占有重要地位，根据考察结果，通过加强管理，每 10 年减少 50%是可能的。

规划未考虑大的点源排烟脱硫。大点源 SO_2 治理需总投资 20 亿元，每年运行费 4 亿元，规划市区 SO_2 减少量在供暖期仅为 5%左右。但从全国以及长远考虑，排烟脱硫今后仍应考虑。

随着机动车数量的增加，其污染物排放量也相应增加。对机动车污染必须进行综合治理，以提高车速，减少排污，如改善道路状况，发展轨道交通，限制汽车数量的过快增长，减少单车排污等。

节能是改善大气质量的又一重要措施，要大力推广节能技术、节能措施；大力发展集中供热，推广建筑节能，提高锅炉热效率，降低产品能耗。

人口密集的二环路以内地区采暖期污染十分突出，要通过优先向城市中心供热、供燃气，适度发展电采暖等措施，迅速改善大气质量。

2．水质管理

北京市水环境污染虽然得到一定程度控制，但由于北京市社会经济呈高速发展，今后任务仍然十分繁重。北京是缺水的特大城市，要长期贯彻把城市集中饮用水水源地的水质保护放在首位的方针，努力保护密云、怀柔水库和京密引水渠的水质；采取治理污染和回灌的措施，改善东北郊和西郊地下水源地的水质。北京市水资源短缺已成为北京经济与城市建设发展的限制因素，南水北调、节水和污水资源化，是缓解北京缺水的三大战略。

北京市今后水污染控制重点为：市区以治理城市污水（工业废水、生活污水）为主；近郊区和远郊区县城工业废水污染与生活污水污染均呈上升趋势，应以合并处理为主；远郊区农村，以畜禽粪便污染、化肥农药污染及工业废水污染的控制为主。

本规划研究提出如下对策和建议：

（1）贯彻“预防为主”方针，推行清洁生产，实行工业污染物排放总量控制及排污许可证是控制北京市工业废水污染的重要战略与对策。

（2）完善城市污水雨水收集系统，有计划地建设城市污水处理厂。经净化后的水应进行回用，作为城市稳定水源之一。城市污水污泥数量巨大，应把发展污泥制有机肥、农田科学施用放在优先地位。

（3）提出全市河道水质分类规划、城市污水处理厂建设规划和为实现市区四条河道水质改善的规划建议。到 2000 年，城市污水处理率达 65%，2010 年为 90%，2015 年达到 100%。市区规划建设 14 座城市污水处理厂。

3．固体废物管理

城市生活垃圾污染控制方面：随着社会的发展，垃圾产量将增长，成分发生变化，灰土含量下降，食品、纸类、塑料增长，城市垃圾处置的问题突出。规划期内在全市完善密闭式清洁站收集、转运、处置系统。根据垃圾成分和处理方式的技术经济比较结果，1996—2005 年垃圾处置以卫生填埋为主，2005—2015 年适当增加焚烧场建设的方案，切合北京的实际情况。

工业固体废物管理规划：本次规划研究涉及冶炼废渣、尾矿、粉煤灰、煤矸石、锅炉渣、水处理污泥和工业粉尘等七种废渣。根据生产发展前景预测，各种废渣的产量有所增加，其中粉煤灰增长最快，平均年增长约 5.0%。

各种废渣的综合利用、处置方案比较研究表明，大力开展废渣的综合利用可收到良好经济效益，需制定优惠政策和相应环保管理法规予以支持。

工业有害废物管理规划：北京市工业有害废物种类繁多，形态复杂，产生量随着社会经济的发展而增加，预计 2015 年将比 1991 年增加 80%。

现行的许多管理方式已不能满足污染控制的需要，有害废物的管理工作面临严峻挑战。有害废物的综合利用能力将维持在 75%左右，还有近 20%的废物需要产生者负责管理。拟建的示范工程将管理全市有害废物产生量的 4%～5%。

1996—2015 年，需投资 19.0 亿元，运行费用 53.9 亿元，共计 72.9 亿元。

4．工业污染控制

北京市经过 20 多年的努力，工业废水、废气和固体废物的单位产值排放量逐年下降，但一些工业废物排放总量仍在增加。工业废物排入环境仍然是造成环境污染的主要因素之一。

控制工业污染必须坚持宏观控制与微观控制并举。宏观控制包括经济与产业政策调整，工业布局和产业结构、产品结构的调整等；而微观控制包括采用先进的生产工艺和设备，实施清洁生产和全过程控制、总量控制及必要的治理工程措施。1996—2000 年将对 36 个企业采取 64 项工程措施治理工业污染。

调整工业布局。1996—2000 年污染搬迁工业项目达 132 项，工业向郊区扩散、郊区新工业开发区的建设均有利于污染的控制。实施中严格执行“三同时”政策。

5．规划经济与财务分析

采用费用效果分析方法比较不同规划措施和方案，为水、气、渣各组方案措施的选择和排序提供决策依据。

规划方案（1996—2015 年）资金总需求为 1 329.5 亿元，主要为能源规划项目，如天然气进京、热电厂和集中供热项目的费用，如扣除能源规划项目费用，则总费用为 340 亿元。

未来 20 年与规划范围相近的环保费用可能占 GNP 的 1.0%～1.2%。从整个规划期来看，北京市国民经济发展完全能够支持规划方案的实施。

根据原有资金渠道发展趋势预测，1996—2015 年水质管理资金来源年均为 4.8 亿元，大气年均 13.2 亿元，城市垃圾年均 0.42 亿元，而同期水质管理年均需 8.0 亿元，大气需 37.7 亿元，渣需 0.9 亿元。方案实施第一阶段存在着很大资金缺口，需要开辟新的资金渠道，或根据项目的轻重缓急，推迟某些项目的实施。根据北京市的实际情况，应把饮用水水源保护和改善大气质量的工程放在优先地位。

规划的环境经济政策分析中，根据北京市环境政策实践和经济体制改革，提出了实行使用者付费、环境税等经济政策。所提经济政策的实施有利于污染削减和资金筹措。规划分析增大开支居民可以承受，但宜采取逐步到位的实施方式。规划研究估算规划实施的环境经济效益，贴现后的水质规划的费用与效益比为 1∶2.21，大气质量规划的费用与效益比为 1∶1.76，固体废物管理规划的费用与效益比为 1∶1.90。北京环境总体规划实施有较大的效益。

规划提出鉴于北京生活型污染在城市污染中占有越来越大的比重，而生活型污染控制很大程度上依赖于城市基础设施的建设。建议市政府把城市基础设施建设放在城市基本建设首位的政策长期坚持下去，且城市基础设施管理工作繁重，亟须加强。

基础设施面向广大群众，因此对居民使用公共设施（垃圾收集、处置；下水道、污水处理；采暖），进行全额收费势在必行，使从事公用事业的企业走上持续发展的道路，实行自负盈亏。

水价、燃料价格的政府补贴宜逐步取消，不仅有利于这些事业的发展，对于节约资源、保护环境意义重大。

建立跨省市的水源保护领导小组，以加强与有关省市地区的协调，有关部门之间也应加强协调与合作。

完善环保法规和加强环保管理；市政府环境保护管理部门的领导、协调作用需进一步加强，为适应市场经济的发展，应进一步发挥环境经济手段在环境管理中的调控作用。国家在财政、优质能源、跨流域水质管理等方面给予北京环境污染治理以支持。

6．后续研究课题建议

表 3-13　后续研究课题

序号	课题名称
1	水质管理
2	密云水库饮用水水源地生态规划
3	垃圾填埋场对地下水污染的影响分析及防治对策
4	畜禽养殖业粪尿及废水综合利用与处理研究
5	城市污水再生与利用研究
6	城市污水厂污泥综合利用研究
7	城市污水处理厂不同处理方法与工艺过程的综合研究

序号	课题名称
8	大气质量管理
9	北京市 TSP 污染管理对策研究
10	汽车尾气各污染物排放因子研究
11	汽车尾气排放标准及其实施计划研究
12	能源技术发展对环境影响的综合评估
13	固体废物管理
14	固体废物全过程管理体系的设计与实施研究
15	固体废物综合利用、处理与处理设施的经济问题研究
16	固体废物在环境中的行为与影响研究
17	固体废物管理、规划综合模型的建立与研究
18	环境经济分析
19	环境经济政策研究
20	环境设施建设、管理中的审核体系及方法
21	能源、水、污水、垃圾等收集政策对环境和社会经济的影响分析
22	乡镇企业的环境经济政策研究

三、项目意义

《北京环境总体规划研究》针对北京的主要环境问题，开展了水质管理规划研究、大气质量管理规划研究、城市固体废物管理规划研究、环境总体规划综合研究。规划研究成果主要包括以下三类：

（一）制订 1991—2015 年北京市环境管理规划，包括水体质量管理、大气质量管理、固体废物管理规划；

（二）提出投资方案指导北京市的环境管理和污染控制投资，并为列入后几个 5 年经济发展计划和财政计划提供依据；

（三）协调部门发展规划和城市规划，对与环境、资源条件不适应的部门规划内容提出调整建议。

规划项目对北京市的环境目标及污染趋势作了较为深入的研究分析，提出了北京市的水质管理规划、大气质量管理规划、工业固体废物和城市垃圾管理规划，以及有关的环境政策、法规、标准和机构；并从汽车尾气排放标准，尾气检查和管理，尾气控制技术，汽车保有量，道路、燃料种类以及政策等角度提出了汽车尾气控制技术，提出了北京大气污染的原因，主要来自冬季采暖锅炉；提出了北京固体废物和生活垃圾综合管理规划；从环境经济政策及法规方面提出了改善北京市环境质量的措施，如使用者收费政策，提高燃料价格、水价等政策。

项目研究成果促进了北京城市基础设施的建设、城市总体布局与工业结构的调整，促使城市发展与控制污染、环境保护在宏观战略方面协调一致；合理安排控制污染的投资，充分发挥投资效益；密切了政府各部门在环境管理中的联系与配合；提高了环境管理水平，增强了控制污染的技术、经济能力。研究提出的环保目标和对策、措施，已纳入《北京国民经济和社会发展“九五”计划和 2010 年远景目标纲要》中。自 1998 年北京市连续实施的 16 个阶段的大气污染控制措施见表 3-14，其中很多措施也基于此规划中。

表 3-14　北京市十六阶段大气污染控制措施

阶段	阶段时间范围	主要目标和任务
第一阶段	1998 年年底—1999 年 2 月	为遏制本市大气污染加重的趋势，市政府采取了控制大气污染的紧急措施，发布《北京市人民政府关于采取紧急措施控制北京大气污染的通告》。在党中央、国务院和中央驻京单位的有力支持下，经过全市人民的共同努力，到 1999 年 2 月底，紧急措施得到了较好落实，阻止了大气质量继续恶化
第二阶段	1999 年 3—9 月底	以控制扬尘污染为重点，加大治理煤烟型污染和机动车排气污染力度
第三阶段	1999 年 10 月—2000 年 3 月底	加大行政监察力度，加强科学研究，充分运用经济调控手段，力争在污染最严重的采暖季节，使空气质量比上年同期有明显改善
第四阶段	2000 年 4—10 月底	认真落实《国务院关于〈北京市环境污染防治目标和对策〉的批复》，以治理颗粒物污染为重点，继续加大对机动车尾气排放的监管力度和燃煤污染的治理力度，确保全市工业企业达标排放，实施工业企业排污总量削减计划

阶段	阶段时间范围	主要目标和任务
第五阶段	2000年11月1日—2001年3月底	第五阶段正值大气污染较重的采暖期和风沙期，工作重点是：巩固前四个阶段治理成果，使各项污染物特别是可吸入颗粒物浓度有较明显的降低
第六阶段	2001年4月1日—10月底	采取综合治理方针，尽最大努力减少颗粒物污染，做好降低冬季煤烟型污染的前期准备，着重抓好控制工业污染、扬尘污染和机动车污染工作
第七阶段	2001年11月1日—2002年3月31日	以治理颗粒物污染为重点，确保实现2001年空气污染指数2级和好于2级的天数达到50%，并为实现2002年环境目标打好基础
第八阶段	2002年4月1日—12月31日	继续以治理颗粒物污染为重点，大力削减大气污染物排放总量，保证全年空气污染指数2级和好于2级的天数达到55%
第九阶段	2003年	继续以防治颗粒物污染为重点，采取更加坚决的措施，削减污染物排放总量，全面控制工业污染、扬尘污染、机动车污染、煤烟型污染，加强生态保护与建设，深化本市东南郊、石景山等地区的环境综合整治，力争使市区空气质量2级和好于2级的天数达到60%
第十阶段	2004年	继续以控制颗粒物污染为重点，采取综合措施，严格控制污染增量，大力削减污染存量，使全市大气污染物排放总量逐步减少，确保全年市区空气质量2级和好于2级的天数达到62%以上
第十一阶段	2005年	继续采取综合防治措施，努力控制和削减大气污染物排放总量，力争市区空气质量2级和好于2级的天数达到63%
第十二阶段	2006年	贯彻落实《国务院关于落实科学发展观加强环境保护的决定》（国发〔2005〕39号），以防治可吸入颗粒物污染为重点，通过采取严格环境准入、加快实施奥运倒排期环境治理项目、强化环境监督管理等综合措施，控制和削减大气污染物排放总量，进一步改善空气质量，力争2006年市区空气质量2级和好于2级的天数达到65%

阶段	阶段时间范围	主要目标和任务
第十三阶段	2007 年	在巩固前十二个阶段治理成果的基础上，继续坚持标本兼治原则，实施以控制可吸入颗粒物和臭氧污染为重点。明确了全市 2 级和好于 2 级的天数要达到 67%、二氧化硫排放总量削减 10%的控制目标，并分解落实到各区县政府
第十四阶段	2008 年	控制大气污染措施以污染物减排为主线，通过执行更加严格的环保标准，采取更加严格的污染控制措施，动员社会各界广泛参与，举全市之力，最大限度地减少污染物排放，实现全年 2 级和好于 2 级的天数达到 70%的目标
第十五阶段	2009 年	借鉴奥运会空气质量保障成功经验，在巩固前十四个阶段大气污染控制措施成果的基础上，推进机动车污染防治、工地扬尘污染防治，调整产业结构，治理工业污染，推进以优化能源结构为主的燃煤污染治理，严格控制垃圾填埋场污染排放
第十六阶段	2010 年	着力构建污染物总量控制体系，削减污染排放总量，加强污染治理与监管，力争全年空气质量 2 级和好于 2 级的天数比例达到 73%

第四章　环境保护专项规划

根据国务院要求和实施国家环境保护规划的需要，北京市还编制了环境保护专项规划。主要有二氧化硫污染控制区综合防治规划、2011—2015 年清洁空气行动计划、2013—2017 年清洁空气行动计划、北京市海河流域水污染防治规划、危险废物处置设施建设规划。

第一节　大气污染防治规划

一、二氧化硫污染控制区综合防治规划

（一）制定背景

为遏制酸雨和二氧化硫污染的发展，1995 年 8 月，全国人大常委会通过了新修订的《中华人民共和国大气污染防治法》，规定在全国划定酸雨控制区和二氧化硫污染控制区（以下简称“两控区”），强化对酸雨和二氧化硫污染的控制。1996 年，国务院作出《关于环境保护若干问题的决定》，《国家环境保护“九五”计划和 2010 年远景目标》提出了“两控区”分阶段的控制目标，即到 2010 年使酸雨和二氧化硫污染状况明显好转，并将“两控区”作为国家污染防治重点，纳入“33211”工程。

1998 年 1 月，国务院对国家环保局《关于呈报酸雨控制区和二氧化硫污染控制区划分方案的请示》（环发〔1997〕634 号）作出批复，原则同意该方案并通过国家环保局发布。根据大气污染防治法和国家有关要求，北京市结合本地实际情况，于 1999 年编制了《北京市二氧化硫污染控制区综合防治规划》。

（二）规划目标

本规划的规划年为 2000 年、2002 年、2005 年和 2010 年，基准年为 1995 年。规划确定了北京市城近郊区和 5 个远郊区县的二氧化硫污染综合防治目标（见表 4-1）。

表 4-1　北京市区及 5 个远郊区县二氧化硫规划目标

	规划目标	规划年份				
		1995	2000	2002	2005	2010
市区	工业污染源排放达标率/%	—	100	100	100	100
	SO_2 总量控制目标/万 t	24.1	24.1	19.6	15.1	13.8
	SO_2 年均浓度控制目标/（mg/m^3）	0.09	0.09	0.078	0.060	0.055
门头沟	企业排放达标率/%	—	100	—	—	100
	SO_2 总量控制目标/t	1 786	940	—	—	860
	SO_2 年均浓度目标值/（mg/m^3）	0.096	0.060	—		0.055
通州	企业排放达标率/%	—	100	—	100	100
	SO_2 总量控制目标/t	5 568	3 984	—	3 004	2 402
	SO_2 年均浓度目标值/（mg/m^3）	0.044	0.035	—	0.025	0.022
房山	企业排放达标率/%	—	100	100	—	100
	SO_2 总量控制目标/t	1 012	780	732	—	570
	SO_2 年均浓度目标值/（mg/m^3）	0.053	0.023	0.022	—	0.017
昌平	控制区煤耗量/万 t	19	20	—	20	22
	排放 SO_2 企业达标率/%	—	100	—	100	100
	SO_2 总量控制目标/t	2 525	1 550	—	1 550	1 100
	SO_2 年均目标值/（mg/m^3）	0.096	0.060	—	0.060	0.043
大兴	企业排放达标率/%	—	100	100	—	100
	SO_2 总量控制目标/t	4 400	4 000	4 000	—	3 800
	SO_2 年均浓度目标值/（mg/m^3）	0.045	0.04	0.04	—	0.039

（三）防治对策

本规划的编制范围包括北京市的 13 个区县，即城近郊 8 区和 5 个远郊区县，门头沟区、通州区、房山区、昌平县和大兴县。鉴于城近郊区污染源数量多，而且空间分布密集，各区之间污染物互相影响，本次规划将城近郊 8 区作为一个整体来考虑，尤以规划市区（以下简称“市区”）为规划重点。

城近郊区二氧化硫污染综合治理主要采取以下措施：

——改变燃料结构，增加天然气使用量；

——强制推广使用低硫低灰分优质煤；

——禁止新建燃煤电厂和热电厂，发展集中供热，减少平房区采暖等低空面源污染，改造炉、窑、灶，提高脱硫效率等；

——制定相应技术、经济、管理法规与政策；

——强化环保执法监督；

——加强宣传教育；

——加强重点污染源的在线监测等配套措施。

根据规划要求，门头沟、通州、房山、昌平、大兴等 5 个远郊区县要采取使用低硫煤、发展清洁能源、安装脱硫设施、发展集中供热等措施，以使二氧化硫浓度达标。

（四）规划实施情况

通过采取综合防治措施，2004 年北京市空气中二氧化硫浓度下降到 0.055 mg/m^3，20 年来首次达到国家标准，提前 6 年完成规划目标。各规划年二氧化硫年均浓度完成情况的具体数据见表 4-2。

表 4-2　北京市全市及 5 个远郊区县二氧化硫年均浓度

SO_2 年均浓度/（mg/m^3）	规划年				
	1995	2000	2002	2005	2010
全市	0.090	0.071	0.067	0.050	0.032
门头沟	0.096	0.060	—	—	0.035
通州	0.044	0.035	—	0.025	0.051
房山	0.053	0.023	0.022	—	0.042
昌平	0.096	0.060	—	0.060	0.027
大兴	0.045	0.040	0.040	—	0.036

为实现二氧化硫排放控制目标，北京市加快燃料结构调整、使用低硫低灰分优质煤、燃煤设施清洁能源改造以及电厂燃煤锅炉烟气脱硫等。

1．改变燃料结构，增加天然气使用量

2010年全市天然气年使用量由2000年的10亿m^3提高到72亿m^3，城市热力管网供热面积由5 012万m^2扩大到7 652万m^2，电采暖及地热供热面积从300万m^2增加到1 000万m^2以上。

燃煤锅炉改造工作继续得到加强。到2000年年底，全市已有4.4万台茶炉大灶、6 700台锅炉改用了清洁燃料。2005年，市区1.6万台20 t以下燃煤锅炉80%以上已改用清洁能源。到2010年年底，全市共完成2 737台20 T/h以下燃煤锅炉的清洁能源改造工程；2010年又启动了城中心区20 T/h以上燃煤锅炉改清洁能源工程，共完成38台1 016 T/h的清洁能源改造。

2．市区强制推广使用低硫低灰分优质煤

为了保证北京市煤炭资源供给满足燃煤设备以及北京地区的环保要求，1998年7月发布了《北京市低硫优质煤及制品》（DB 11/097—1998）标准，推行使用含硫量小于0.5%的优质低硫煤，以降低二氧化硫排放量。

1998年，北京市制定了严于国家标准的北京市地方标准《锅炉大气污染物排放标准》（DB 11/109—1998）；为进一步改善北京市的大气污染状况，市环保局于2002年又制定了新的锅炉排放地方标准（DB 11/139—2002）。近4年间，SO_2排放标准提高了好几倍。新标准中第二时段（自2003年11月1日起）燃煤锅炉烟尘和SO_2的排放限值分别为50 mg/m^3和150 mg/m^3，该标准的要求非常严格，甚至严于国外相关标准。

1998年6月，北京市发布了《关于在二氧化硫污染控制区征收二氧化硫排污费的通知》，二氧化硫排污费收费标准为每千克二氧化硫0.20元。1999年4月，北京市向国家计委提交《关于提高燃煤二氧化硫排污费征收标准的请示》（京价收字〔1998〕第149号），国家计委批复同意了对普通煤二氧化硫排污费标准由每千克二氧化硫0.2元提高到1.2元，低硫煤二氧化硫排费标准由每千克0.2元年提高到0.5元。

3．其他控制二氧化硫污染的措施

控制火电厂二氧化硫排放量，加快脱硫步伐。截至2008年，全市所有燃煤机组全部实施烟气脱硫。“十一五”期间，完成400多台20 T/h以上燃煤锅炉脱硫除尘改造；远郊区县新城实施燃煤锅炉整合工程，建设配备高效脱硫除尘设施的大型集中供热中心23座，替代分散小锅炉800台，约4 800 T/h。

调整产业结构。2005年6月，首钢炼铁厂5号高炉停产，标志着首钢搬迁工作正式启动。2010年年底，首钢北京石景山钢铁主流程全面停产，首钢搬迁调整的历史性任务基本完成。

严格控制燃煤设施建设。“十五”期间城八区停止新建燃煤设施，全市范围内不再新建燃煤电厂，以控制二氧化硫排放总量的增加。

二、2011—2015年清洁空气行动计划

（一）制定背景

随着北京市经济与社会的快速发展，空气质量改善面临新的挑战。“十二五”期间，北京市人口数量、机动车保有量、能源消费总量仍将持续增长，城市建设保持相当规模，进一步改善环境空气质量面临着继续削减污染物“存量”和控制污染物“增量”的双重压力，大气污染物减排任务将更加艰巨，大气污染防治必须采取更加严格的措施。为了更好地应对新的挑战，2011年北京市制定了《北京市2011—2015年清洁空气行动计划》，进一步改善大气环境。

（二）规划目标

到2015年，全市空气中二氧化硫、二氧化氮、一氧化碳、苯并[*a*]芘、氟化物和铅等六项污染物稳定达标；总悬浮颗粒物和可吸入颗粒物年均浓度比2010年下降10%左右；臭氧污染趋势逐步减缓。全市空气质量二级和好于二级天数的比例达到80%。

各区县空气质量进一步改善，到2015年，昌平区、平谷区、怀柔区、密云区和延庆区可吸入颗粒物年均浓度比2010年下降5%，空气质量二级和好于二级天数比例达到85%；东城区、西城区、朝阳区、海淀区和顺义区可吸入颗粒物年均浓度比2010年下降10%，空气质量二级和好于二级天数比例达到80%；丰台区、石景山区、门头沟区、房山区、通州区、大兴区和北京经济技术开发区可吸入颗粒物年均浓度比2010年下降15%，空气质量二级和好于二级天数比例达到76%。

（三）主要任务和措施

为改善大气环境，实现规划中的目标，北京市坚持“优化发展，控制增量；综合控制，协同减排；突出重点，整体推进；落实责任，齐抓共管”的原则，控制总量，推动经济发展方式转变，实施六大工程，全面控制大气污染，并完善管理机制，提升保障能力。

1．总量控制，推动经济发展方式转变

完善大气污染物总量减排体系。建立动态更新的大气污染源排放清单，明确各区县主要大气污染物的年度总量减排项目。对新建建设项目，按照“以新代老、增产减污、总量减少”的原则进行审批和验收。

限制高污染行业发展。定期发布本市工业结构调整目录，调整搬迁不符合首都城市功能定位的行业企业。到 2015 年，全市炼油规模控制在 1 000 万 t 以内，水泥生产规模控制在 700 万 t 以内。

开展生态工业园区建设。新建、扩建工业项目按照产业发展方向进入相应类别的工业开发区。除大兴安定化工基地和北京石化新材料科技产业基地，其他区域不再新建化工、石化类建设项目。

构建绿色能源体系。提高天然气等清洁能源在能源结构中的比重，减少煤炭消费量，到 2015 年基本建成覆盖全市规划新城、重点镇以及重点工业开发区和产业基地的多路天然气供应管网。新建建设项目原则上采用清洁能源。

2．实施六大工程，全面控制大气污染

燃煤污染治理工程。完成四大燃气热电中心建设，对现有燃煤电厂实施清洁能源改造；继续实施燃煤锅炉清洁能源改造，2015 年前城六区基本实现无燃煤，国家级、市级工业开发区（园区）完成清洁能源供热改造；分区域开展低矮面源污染治理。

重点污染行业治理工程。退出高污染企业和落后工艺，深化工业污染治理，对高污染企业行业实施专项治理和清洁能源改造；加强餐饮业油烟污染治理。

机动车污染控制工程。加快轨道交通建设，发展公共交通系统；创新老旧车淘汰机制，并加强在用车排放污染控制和外埠进京车辆管理；加强对非道路机械销售和使用环节的监管；实施国家第三阶段排放标准，加强车用油品环境管理，研究国Ⅳ以上柴油车添加氮氧化物还原剂的监管机制。

扬尘污染综合治理工程。强化建设施工单位主体责任和行业监管责任，推广先进清洗技术示范，加大执法力度；强化渣土运输单位主体责任，扩大运输车辆密闭技术应用；提高道路清扫保洁水平，完善道路清扫保洁考评和信息公开办法。到 2015 年，各区县扬尘污染控制区面积不低于建成区总面积的 80%。

生态建设与修复工程。扩大城市水面面积，保护全市水资源；扩大城乡绿化，推进三大生态屏障建设；实施生态修复，治理关停废弃矿区，恢复生态植被和生态景观。

环保新技术应用工程。推动新能源汽车的研发和应用；逐步实施国家第五阶段机动车排放新标准，并供应相应地方标准的车用燃油；推广低氮燃烧等氮氧化物减排新技术；在涂料、溶剂的使用环节推广使用低挥发性有机物产品。

3．完善管理机制，提升保障能力

将各区县计划落实情况纳入区县领导政绩考核；研究制定大气污染防治法规，修订完善行业大气污染物排放标准，研究制定挥发性有机物控制标准；研究制定经济激励政策，扬尘排污费征收办法；完善环境空气质量监测网络；推进区域大气污染联防联控；加强环境宣传教育，曝光环境违法行为。

（四）规划实施情况

为进一步改善首都空气质量，按照《北京市清洁空气行动计划（2011—2015 年）》等规划的要求，北京市每年都印发年度实施清洁空气行动计划任务的通知，各项措施分年度组织实施，成效显著。

总量控制方面，2011 年起汇集并梳理了大量污染源和环境质量数据，开展大气污染源排放清单的编制工作，组织建设污染源动态管理信息系统；到 2013 年，陕京三线工程全线贯通，大唐煤制气（古北口—高丽营段）、西六环燃气管线南北段等重点工程开工建设，进一步提高了天然气等清洁能源在能源结构中的比重，减少了煤炭消费量。加快轨道交通建设，截至截至 2013 年 6 月底，运营线路达到 15 条，全市轨道交通运营里程达到 456 km；优化公交线网，截至 2012 年年底，中心城区公共交通出行比例达 44%。继续调整产业结构，发布了两批严于国家标准的《不符合首都功能定位的高污染工业行业调整、生产工艺和设备退出指导目录》；推进生态工业园区建设，市级以上工业开发区燃煤锅炉逐步实施清洁能源改造。

1. 燃煤污染治理工程。四大燃气热电中心建设全面提速，截至 2013 年，东南、西南燃气热电中心建成投产；2011—2013 年，北京市共完成 177 台、2 625 T/h 大型燃煤锅炉（20 T/h 以上）的煤改气工程，远郊区县实施燃煤锅炉改用清洁能源，2 年共完成 207 台、1 278 T/h 燃煤锅炉改造；完成了 2.1 万户居民采暖清洁化改造，延长了居民采暖享受低谷电价时间，社区环境和供热质量显著改善。

2. 机动车污染控制工程。2013 年 2 月，全面实施第五阶段机动车排放地方标准；2012 年 8 月，北京市全面供应“京Ⅴ”标准车用油品。制定实施了机动车强制报废规定，截至 2013 年 4 月底，淘汰老旧车数量突破 68.9 万辆。发布了《关于巩固深化联勤联动工作机制的通知》，加大了在用车路检（含夜查）、入户、遥测、进京路口环保检查和检测场定期检测力度。严格非道路用动力机械排放管理，修订发布了《非道路机械用柴油机排气污染物限值及测量方法》（DB 11/185—2013）和《在用非道路柴油机械烟度排放限值及测量方法》（DB 11/184—2013）两项标准。

3. 重点污染行业治理工程。2011 年，北京东方化工厂等一批重污染企业实现原址停产，并关停生产稀释剂、涂料、油墨、黏合剂等小化工企业。截至 2012 年年底，全市共关停高污染企业 259 家，组织完成 31 家“三高”企业退出验收工作。2012 年制定下发了《关于联合开展全市餐饮行业专项执法检查的通知》，集中开展餐饮油烟和露天烧烤专项执法检查，对违法企业进行限期整改、处罚，并取缔露天烧烤摊点。

4. 扬尘污染综合治理工程。开展施工工地检查考评工作，加强扬尘污染违法案件移送，将施工现场扬尘治理纳入《北京市建筑业企业违法违规行为记分标准》，将扬尘违法行为作为不良信息纳入建筑企业信用管理系统。治理渣土运输遗撒，发布了《北京市建筑垃圾综合管理检查考核评价办法》《关于进一步加强施工工地和建筑垃圾运输车辆治理工作的通告》和《关于进一步加强建筑垃圾运输管理工作的意见》。提高道路保洁标准，制定了《北京市城市道路尘土残存量监测办法》，监测结果纳入环境卫生综合考评，制定扬尘控制区创建补助资金管理办法，推进扬尘控制区创建工作。

5. 生态建设与修复工程。2011—2013 年，治理了潮白河干流和流域内河道，部分河段初步建成了观赏和生态河道。通过建设梯田、水保林、谷坊坝、挡土墙、护坡等 21 项措施，2010 年以来，治理水土流失面积 930 km^2，建成生态清洁小流域 69 条。2012 年启动平原地区百万亩大造林工程，提出了“两环、三带、九楔、多廊”的空间布局。截至 2012 年年底，全市森林覆盖率达到 38.6%，林木绿化率达到 55.5%，人均公共绿地面积达到 15.5 m^2，城市绿化覆盖率达到 46.2%。

6. 环保新技术应用工程。推广低排放或零排放车辆，截至 2012 年年底，全市公共交通行业在用新能源与清洁能源车辆共 4 554 辆，其中混合动力公交车 860 辆、纯电动公交车 100 辆、纯电动出租车 550 辆、无轨公共电汽车 460 辆、天然气公交车 2 584 辆，并在环卫行业示范应用 2 000 辆纯电动环卫车。开展 VOCs 污染防治技术调研和专项治理，实施燕化公司化工二厂有机废气治理、北京现代汽车公司喷涂工艺改造等治理措施，2012 年全市共减排 VOCs 达 6 500 余 t。

同时，完善管理机制，2011—2012 年出台了《关于贯彻落实国务院加强环境保护重点工作文件的意见》《关于“十二五”期间区县政府绩效管理工作的实施意见》《北京市“十二五”时期主要污染物总量减排工作方案》，以完善环境保护责任与考核机制。2013 年，完成了《北京市大气污染防治条例（草案）》，先后制定、修订并发布了《在用柴油汽车排气烟度限值及测量方法（遥测法）》（DB 11/832—2011）、《铸锻工业大气污染物排放标准》（DB 11914—2012）等多项排放标准；完善价格政策，对燃煤电厂试行脱硝电价，实施居民阶梯电价。完善对污染治理和节能减排措施的经济激励政策，发布了《关于修改补充北京市区域污染减排奖励实施细则的通知》，制定出台了《北京市工业废气治理工程补助资金管理暂行办法》；2012 年开始实时发布各监测站点二氧化硫、二氧化氮、可吸入颗粒物等三项常规污染物小时浓度，以及臭氧和一氧化碳小时数据和 $PM_{2.5}$ 研究性监测数据。2013 年起全面发布 6 项主要污染物实时监测信息、空气质量指数（AQI）、空气质量预报和健康提醒等信息。推进区域联防联控，与天津市和河北省先后签署了《北京市天津市关于加强经济与社会发展合作协议》《北京市—河北省 2013—2015 年合作框架协议》和 11 个专项协议；邀请市民参与“北京空气质量”手机版软件的改版讨论会，征求市民意见，率先开通环保部门官方微博，组织策划“市民对话一把手”访谈节目，策划本市生态文明和城乡环境建设新举措系列专题片，宣传本市清洁空气行动计划。

三、2013—2017 年清洁空气行动计划

（一）制定背景

在连续实施大气污染治理措施的情况下，北京市空气中主要污染物浓度逐年下降，但大气污染物排放总量仍然超过环境容量，大气污染复合型特征突出，污染防治形势十分严峻。为贯彻落实国家《大气污染防治行动计划》（以下简称“国十条”），进一步降低空气中细颗粒物（$PM_{2.5}$）浓度，达到《环境空气质量标准》的浓度限值，北京市以治理 $PM_{2.5}$ 为主要目标，制定了《北京市 2013—2017 年清洁空气行动计划》。

（二）行动目标

到 2017 年，全市空气中的细颗粒物（$PM_{2.5}$）年均浓度比 2012 年下降 25%以上，控制在 60 μg/m^3 左右。

与 2012 年相比，到 2017 年，怀柔区、密云县、延庆县空气中的细颗粒物年均浓度下降 25%以上，控制在 50 μg/m^3 左右；顺义区、昌平区、平谷区空气中的细颗粒物年均浓度下降 25%以上，控制在 55 μg/m^3 左右；东城区、西城区、朝阳区、海淀区、丰台区、石景山区空气中的细颗粒物年均浓度下降 30%以上，控制在 60 μg/m^3 左右；门头沟区、房山区、通州区、大兴区和北京经济技术开发区空气中的细颗粒物年均浓度下降 30%以上，控制在 65 μg/m^3 左右。

（三）主要减排措施

北京市与环保部同步组织编制了 2013—2017 年大气污染防治行动计划，与国家《大气污染防治行动计划》充分对接，编制了包含八大污染减排工程、六大保障措施和三大全民参与的“863”行动计划。

1. 八大减排工程

为了达到 $PM_{2.5}$ 的减排目标，最基本的措施是坚持污染减排。结合能源消费量大、生活性消耗占比高等特点，立足能源结构优化、产业绿

色转型和城市管理精细化要求，重点实施八大污染减排工程。

（1）源头控制减排工程。一是落实北京城市总体规划和主体功能区划，优化城市功能和空间布局，形成有利于大气污染物扩散的城市空间布局。二是研究制定人口总量控制措施，推进人口管理体系建设，减少生活刚性需求增加带来的污染。三是以环境承载力为约束条件，严格控制机动车保有量，确保 2017 年年底将全市机动车保有量控制在 600 万辆以内。四是强化资源环保准入约束，制定严格的禁止新建、扩建的高污染工业项目名录，探索建立符合准入条件的企业动态管理机制。

（2）能源结构调整减排工程。坚持能源清洁化战略，加强清洁能源供应保障。因地制宜地开发新能源和可再生能源，实现电力生产燃气化并推进企业生产用能清洁化。引进外埠清洁优质能源，逐步推进城六区无煤化、城乡结合部和农村地区“减煤换煤”行动。建立健全绿色能源配送体系，提高能源使用效率，努力构建以电力和天然气为主、地热能和太阳能等为辅的清洁能源体系。

（3）机动车结构调整减排工程。坚持先公交、严标准、促淘汰的技术路线，大力发展公共交通、不断严格新车排放和油品供应标准、加快淘汰高排放老旧机动车，加强经济政策引导，强化行政手段约束，使机动车结构向节能化、清洁化方向发展。

（4）产业结构优化减排工程。加快淘汰落后产能，有序发展高新技术产业和战略性新兴产业，推行清洁生产，建设生态工业园区，不断推动产业结构优化升级，到 2017 年，第三产业比重达到 79%。

（5）末端污染治理减排工程。通过制定严格的环保标准，严格执行相关排放标准、清洁生产评价指标和环境工程技术规范等，实现氮氧化物、工业烟粉尘和挥发性有机物等大气污染物的末端减排。

（6）城市精细化管理减排工程。加强城市精细化管理，环境监测和监管能力，集中整治施工扬尘、道路遗撒、露天烧烤、经营性燃煤和机动车排放等污染，督促排污单位完善污染防治设施，规范运行管理，切实发挥管理减排效益。到 2017 年，全市降尘量比 2012 年下降 20%左右。

（7）生态环境建设减排工程。通过加强植树造林，水源科学调配，生态修复和绿化，到 2017 年，全市林木绿化率达到 60%以上，累计增加水域面积 1 000 hm^2，扬尘污染得到有效控制，生态环境得到明显改善。

（8）空气重污染应急减排工程。将空气重污染应急纳入全市应急管理体系，加强空气重污染预警研究，完善监测预警系统；修订《北京市空气重污染日应急方案（暂行）》；与周边省区市建立空气重污染应急响应联动机制，共同应对大范围的空气重污染。

以上八大减排工程可以概括为压煤减煤、控制成油、治企减排、清洁降尘四大领域。

2．六大保障措施

为了保障八大减排措施工程的顺利实施，从科技、经济、法律、组织、分解落实责任、严格考核问责等六个方面提出了保障措施。

进一步健全完善大气污染防治的法规体系，推进《北京市大气污染防治条例》的立法工作；

通过发挥资源价格的杠杆作用、税费政策的调节作用、金融手段的约束作用和财政资金的引导作用，促进行动计划的实施；

将大气污染防治作为实施“科技北京”战略的重要内容，开展大气环境领域科学研究；

成立北京市大气污染综合治理领导小组，负责组织研究大气污染防治的政策措施，协调解决重大问题，落实区域联防联控工作机制；

市政府对本行动计划进行重点任务分解，与各区县政府、市有关部门和企业签订目标责任书；

市政府制定考核办法，将细颗粒物指标作为经济社会发展的约束性指标。

3．公众参与

“国十条”只是提出要广泛动员社会参与，北京市则明确了企业、公众和社会的具体责任。由于北京的大气污染复合型特征突出，城市正常运转和市民日常生活产生的污染物所占比重越来越大，机动车、散煤、油烟造成的污染都与市民息息相关，必须依靠公众广泛参与，才能真正有效改善空气质量。

动员全社会践行绿色环保的生产、生活方式，引导全社会树立关心环保、认知环保、参与环保、践行环保的新风尚，形成保护环境、人人有责，改善环境、人人行动的新局面。

（四）实施情况

2013—2017 年，北京市认真落实“国十条”和《北京市 2013—2017 年清洁空气行动计划》确定的重点任务，每年制订了任务分解清单，将各区、各有关部门单位的目标和任务完成情况纳入年度政府绩效考核。

2017 年，全市 $PM_{2.5}$ 年均浓度为 58 μg/m^3，同比下降 20.5%，较 2013 年下降 35.6%；达标天数 226 天，达标天数比例为 62.1%。主要污染物排放总量显著下降，二氧化硫排放总量由 2012 年的 9.38 万 t 下降到 2017 年的 2.65 万 t，下降了 71.8%；氮氧化物排放总量由 2012 年的 17.75 万 t 下降到 2017 年的 9.52 万 t，下降了 46.4%。

北京市实现了“全市空气中的细颗粒物（$PM_{2.5}$）年均浓度比 2012 年下降 25%以上，控制在 60 μg/m^3 左右”的目标。

1．控制燃煤污染

2013 年 8 月，市政府办公厅先后发布了《关于印发北京市 2013—2017 年加快压减燃煤和清洁能源建设工作方案的通知》《关于印发北京市 2013 年农村地区减煤换煤清洁空气行动实施方案的通知》等文件，并制定分年度的实施方案，加快推动能源清洁发展。

2013—2017 年，北京市淘汰燃煤锅炉共计 8 312 台、总容量 39 165.5 T/h（5 年间 99.8%的燃煤锅炉已淘汰，按容量计淘汰 95.8%）；2015—2017 年农村地区先后实施“减煤换煤”“煤改清洁能源”，完成了 1 564 个村、50 万户以上的采暖煤改电、煤改气工程，实现农村炊事燃气全覆盖；扎实推进无燃煤区建设，2015 年核心区基本建成无煤区，2017 年年底基本完成城六区容量为 10 T/h 以上燃煤锅炉的清洁能源改造。5 年共削减煤炭约 1 700 万 t，由 2012 年的 2 300 万 t 下降到 2017 年的 600 万 t 以内，下降了 74%，煤炭占比下降到 6%以内，实现了“2017 年煤炭消费总量控制在 1 000 万 t 以内、优质能源占比提高到 90%”的目标。

2017 年全市完成锅炉低氮改造约 7 000 台、23 000 T/h。

2．控制机动车尾气污染

每年配置新增小客车指标 15 万个，严格控制机动车规模，截至 2017 年 11 月底，全市机动车保有量 589.9 万辆。新增轨道交通 166 km、总里程达到 608 km，公交专用道总里程达到 907 km，中心城区绿色出行比例达到72%。逐步加严油品标准，先后于2012年、2017年出台并实施北京市第五阶段、第六阶段汽柴油标准。采取疏堵结合方式，促进高排放黄标车及老旧车淘汰。2013—2017年，全市淘汰黄标车及老旧机动车216.7万辆，36.7%的车辆提标更新。推进交通领域污染减排，全市新能源和清洁能源汽车累计达到20万辆。积极发展新能源、清洁能源公交和出租车辆，2017年，全市新能源和清洁能源公交车达1.5万辆，占全市公交车比例为65.6%；天然气、纯电动及混合动力的出租车超过7 000辆。累计5万余辆使用两年以上的燃油出租车更换了三元催化转化器。加强机动车环保监管，2013—2017年，全市环保部门巡查检测场3.3万场次，查处违法检测场64场次。仅2017年就检查机动车1 692.3万辆次，查处违规车18 511辆次。

3．控制扬尘污染

一是控制施工扬尘污染。引入先进技防措施，实现施工扬尘“标本兼治”；加大施工现场扬尘治理执法力度，加大扬尘污染惩戒力度，2017年共开展施工现场扬尘执法29 396次，合格28 278次，达标率为96%；征收扬尘排污费，发挥经济手段促进治污、减排；采暖季期间除重大民生工程和重点项目外，全市道路工程、水利工程等土石方作业和房屋拆迁工程全部停止施工。

二是控制道路扬尘污染。加大了道路机械清洗频次，由“每日冲刷，隔天洗地”，提高到“每日冲刷，每日洗地”，增加冬季冲洗作业；2017年，城市道路可实施机械化清扫保洁面积为9 289万m^2，扫路车、清洗车、洒水车3 044辆，实施机械化清扫保洁面积8 840万m^2，“洗扫冲收”组合（新）工艺作业面积达到8 623万m^2，全市城市道路机扫率、新工艺作业覆盖率分别达到89%、88%以上。

三是控制渣土运输扬尘污染。全力推进建筑垃圾运输车辆更新改造；加强渣土运输规范化管理，进行资质认证，开展渣土运输专项整治，定期督导检查，2017年处罚违法违规渣土车辆近3万台，对6名乱倒乱卸渣土的嫌疑人刑事拘留。

4．防治工业污染

2013—2017年，全市以砖瓦、沥青防水材料、铸锻造、电镀、小家具、小化工等行业为重点，累计关停污染企业1 992家；水泥产能控制在 300 万 t 以内；全面开展“散乱污”企业清理整治，累计处置“散乱污”企业 1.1 万余家。

电力行业燃气机组均采用低氮燃烧技术并配备 SCR 脱硝；石油炼制行业燕山石化完成二催化烟气脱硝治理和工艺加热炉低氮燃烧器改造。

2013—2017 年，北京市滚动实施 4 批“百项”环保技改工程，针对燕山石化公司以及汽车、家具、印刷、电子等重点行业实施挥发性有机物治理，全市累计实现减排挥发性有机物 5.7 万 t。

5．地方各级财政加大污染防治资金投入

2013—2017 年，北京市累计投入大气污染防治资金 1 522.82 亿元。其中，市级财政投入 1 230.34 亿元（含市级固定资产投资），区级财政投入 292.48 亿元。

从财政资金安排的力度和节奏来看，年度投入规模不断加大，见表 4-3。

表 4-3　2013—2017 年大气污染防治资金　　单位：亿元

年份	2013	2014	2015	2016	2017	合计
安排资金	113.2	284.4	356.1	346.0	423.1	1 522.8

从资金投向看，压减燃煤投入 325.52 亿元，重点用于燃煤锅炉清洁能源改造和煤改电、煤改气工程；控车减油投入 535.09 亿元，重点用于黄标车淘汰、清洁能源汽车推广、高排放柴油车及机械治理等；治污减排 21.95 亿元，用于锅炉低氮改造和产业结构优化；清洁降尘投入 415.61 亿元，支持平原地区植树造林，加大道路清扫力度；综合保障等其他大气污染防治相关投入 224.64 亿元，用于环境监管能力建设和科技支撑等相关领域。

第二节　北京市海河流域水污染防治规划

一、北京市水污染防治目标和对策

（一）制定背景

1997 年 2 月，根据国务院重点治理“三河”（淮河、海河、辽河）

和“三湖”（太湖、巢湖、滇池）部署，国家环保局召开了海河流域水污染防治规划编制工作会议，会议要求海河流域四省（河南、河北、山东、山西）、两市（北京、天津）编制海河流域水污染防治规划。

市政府对此非常重视，责成市市政管委主要领导负责，成立了由市环保局、市水利局、市规划院、市政工程局等单位参加的规划领导小组，组织编制《北京市海河流域水污染防治规划》（以下简称《规划》）。

北京市依据国家环保总局《海河流域水污染防治规划编制大纲》的要求、规划分区及其分工，针对蓟运河、潮白河和北运河水系，同时兼顾其他水系，编制了北京市海河流域水污染防治规划。《规划》草案完成后，市政府组织有关部门及专家对《规划》进行论证、修改，于1997年9月完成并上报市政府，1998年4月市政府正式批复。为配合规划的实施，市环保局还会同有关部门，对境内河流按五类水体功能重新进行了划分。

1998年，根据市政府批准的《规划》和市领导要求，市环保局在《规划》的基础上，以北京市河流水系为中心，编制了“北京市水污染防治目标及对策”，确定了2002年的目标及对策，并按照地表水、地下饮用水水源保护、城市污水处理厂建设、工业污染源治理、河系整治、政策法规和投资预算等方面，制订了分年度的实施计划。水污染防治目标和对策经专家论证，有关委、办、局修改，经市政府批准，与防治大气、固体废物污染等，一并编入《北京市环境污染防治目标和对策 》，正式上报国务院。

（二）规划目标

根据市政府批准的《北京市海河流域水污染防治规划》，北京市地面水环境的总目标：到2010年，保证地表饮用水、地下饮用水水源符合国家饮用水水质标准，河流按北京市地面水功能划分全部符合规定的水质标准。

近期目标：到2000年，城市中心区的河流水系，如长河、六海、南、北护城河及筒子河达到北京市地面水功能水体要求。到2002年，地下水源防护区全部实现污水管网化，消灭区内渗坑、渗井及污水沟；城近郊区的主要河流的水质，如清河、凉水河和通惠河等有较大改观，基本达到北京市地面水功能区划规定的水质标准（见表3-11）。

（三）主要措施

1．保护饮用水水源

国家编制海河流域水污染防治规划的原则之一是确保饮用水水源不受污染。北京市地表饮用水水源的保护目标是：确保密云水库、怀柔水库和京密引水渠的水质继续保持国家地面水二级标准。

具体对策：

（1）1998 年完成密云水库南岸 5 km、怀柔水库 1 km 的围网建设，控制旅游对水质的污染。在密云水库、怀柔水库周边推广使用无磷洗衣粉。推广生物防治技术，减少农药使用量，防止化学农药对水质的污染。严格执法，查处违章项目，控制网箱养鱼的规模，减缓水库的富营养化趋势。

（2）官厅水库的保护要紧紧抓住国务院加强海河流域水污染防治工作的机遇，与河北省密切协作，采取有效措施，改善官厅水库的进水水质。同时，也要严格控制北京市境内永定河水系的污染行为。2010 年使官厅水库出库水质达到国家地面水二级标准。

（3）地下水资源是北京市饮用水水源的重要组成部分。城近郊区共有 7 个取用地下水的水厂，日供水能力约 90 万 t，占城市总供水量的 40%。西郊地区的第三、第四水厂防护区属浅层水地区，其水源井地处城乡结合部，市政污水管网不健全，致使污水下渗，严重威胁着地下水源的安全。因此，地下饮用水水源的保护目标是：健全水源防护区的污水管网，消灭渗坑、渗井及污水沟，保证地下饮用水水源不受污染。由于第三水厂防护区内的污水干线已基本建成，具备了修建支、户线的条件，1998—2000 年将主要完善第三水厂防护区内 47 km 污水支、户线，约需投资 2 450 万元。1999—2002 年完成第四水厂防护区内 24 km 污水管线建设，约需投资 5 850 万元（见表 4-4）。

上述工程完成后，将消灭约 7 000 个渗坑、渗井及一批污水沟，使防护区内实现污水管网化，消除隐患，保证地下饮用水水源的供水安全。

2．城市中心区河湖水污染治理

由于河流污染日益严重，群众反映强烈。市委、市政府对此非常重视，提出“综合治理河流水系，使北京的河流清起来、流起来、环起来、航起来”的指导思想，加速北京水环境的改善。

表 4-4　地下水源防护区内污水管网支、户线建设

	项目名称	长度/m	投资/万元	责任单位	完成年限/年
三厂防护区	污水管网支线	11 625	1 378	海淀区政府	1999
	污水管网户线	35 580	1 068		
	合　计	47 205	2 446		
四厂防护区	丰北路东段污水管网	2 000	3 500	市政工程总公司	1999
	靛厂村路污水管网	3 000	553		2000
	卢沟桥乡西侧路污水管网	1 100	195		2000
	防护区内污水管网支、户线	17 500	1 600	丰台区政府	2002
	合　计	23 600	5 848		
总　计		70 805	8 294		

根据市政府统一部署，城市中心区河湖综合整治工程，将投资 10 亿元，分 3 年完成。包括污水截流、清淤、衬砌、河道整治、两岸绿化、部分地段通航等工程。最终达到“清、流、环、航”的要求，实现水质功能目标。其中用于污水截流的投资共 3.32 亿元，这是实现“清、流、环、航”、彻底改变河流面貌的首要步骤。第一期工程 1998 年完成，污水截流工程投资 1.47 亿元，全长 38.4 km（工程项目见表 4-5）。第二、第三期工程 1999—2000 年完成，污水截流工程投资 1.85 亿元，全长 15.5 km（工程项目见表 4-6）。

在完成上述截流工程的同时，要完成高碑店（二期）、酒仙桥等三座城市集中污水处理厂的建设，加强对河道的管理，严格执法，禁止在河道两旁私搭乱建、倾倒垃圾等违法行为。对重要河段的通航，要把保护水环境放在第一位，严格执行环境保护管理规定。环保、环卫、水利、市政等部门要各司其职，明确责任，共同保护好河流水质。

3．其他重点河流水污染治理

2000—2002 年，对群众反应强烈、污染严重的城近郊区河流，再建设一批污水截流工程及污水处理厂（工程项目见表 4-7），解决城市南北两条主要河流的污染问题。

表 4-5　1998 年中心区河湖水系综合整治污水截流项目表

项目	工程内容	管径/mm	长度/m	工程投资/万元	拆迁费/万元	合计/万元	责任单位
长河六海	长河污水截流管	400～500	5 706	1 491	—	1 491	市计委 市政工程总公司
	双紫支渠污水截流管	400	2 067	567	—	567	
	北护污水截流管西延	400	300	100	—	350	
	什刹海污水截流	400～900	5 193	688	—	1 345	
京引昆玉段	昆玉段东侧污水截流管	1 200	2 041	912	400	1 312	
	昆玉段西侧污水截流管	400～600	1 350	173	915	1 088	
永引南旱河	八大处地区污水管	500～800	1 570	778		778	
	杏石口路污水管	400～1 200	9 540	1 826	—	1 826	
	南旱河污水截流管	400～500	6 854	769	500	1 269	
	永定河引水渠污水截流管	600～1 000	2 870	579	—	1 087	
	西四环路污水管	1 050	906	876	—	876	
东庄泵站		—	—	2 700	—	2 700	
合计			38 397	11 059	1 815	14 689	
其他	河系清淤、衬砌、护坡、绿化等					15 311	市水利局
	总　　计					30 000	

同时，对远郊区县的重点水域也要积极建设一批污水处理厂。2002 年以前拟建设的污水处理厂见表 4-8。

到 2010 年，将实现规划目标，最终建成 24 个城市污水处理厂，使城乡大小河流水质彻底还清。

表 4-6　1999—2000 年中心区河湖水系综合整治污水截流项目表

项目	工程内容	管径/mm	长度/m	工程投资/万元	拆迁费/万元	合计/万元	责任单位
玉渊潭—东便门	左安门内污水截流管	400～700	880	600	1 320	1 920	市计委 市政工程总公司
	玉渊潭、陶然亭、龙潭湖、中山公园污水截流	—	—	1 000	—	1 000	
	前三门、南护城河污水截流设施改造	—	—	2 500	—	2 500	
通惠河上段	亮马河污水截流管	1 800	600	630	1 350	1 980	
	麦子店路污水管北延	700	1 125	340	1 680	2 020	
	工体水系污水截流			1 000	—	1 000	
	二道沟两侧污水截流	400	7 000	2 065	3000	5 065	
	北护、东护、通惠河污水截流设施改造	—	—	3 000	—	3 000	
	筒子河外侧污水截流管*	300～500	3 550	3 000		3 000	
	筒子河内侧污水截流管*	300	2 370	500		500	
合　计			15 525	11 135	7 350	18 485	
其　他	河系清淤、衬砌、护坡、绿化等					51 515	
总　计						70 000	

注：*筒子河内外侧污水截流管投资另行安排。

表 4-7　2000—2002 年其他河流水系污水截流及污水处理厂项目表

工程内容	规模（mm）/（万 t/d）	长度/（m）	工程投资/万元	拆迁费/万元	COD 削减量/（t/a）	合计/万元	责任单位
北土城沟北段污水截流管	ϕ800～1 000	1 200	1 500	1 5000		16 500	市政工程总公司
清河污水截流系统（安河闸—清河污水处理厂）*	ϕ1 050～3 000	15 300	—	—		40 000	
清河污水处理厂*	20		40 000		14 278.8	40 000	
凉水河污水截流系统（人民渠—大红门闸下）*	ϕ1 000～3 200	16 740	—	—		58 000	
郑王坟污水处理厂*	30		72 000		21 418.2	72 000	
合　计	50	33 240	113 500	15 000	35 696.8	226 500	

*注：正在争取世界银行贷款（二期）的项目。

表 4-8　污水处理厂工程建设表

名　称	处理能力/（万 t/d）	COD 削减量/（t/a）	投资/万元	责任单位	完成时间/年
高碑店污水处理厂	50	35 679.0	90 000	市政工程总公司	1999
酒仙桥污水处理厂	20	14 278.8	40 000		2000
北京经济开发区污水处理厂	2	1 427.9	6 000	北京经济开发区	2000
大兴污水处理厂	8	5 711.5	8 700	大兴县政府	2000
顺义污水处理厂	6	4 283.6	12 000	顺义县政府	2002
平谷污水处理厂	2	1 427.8	2 500	平谷县政府	2002
延庆污水处理厂	1.5	1 070.9	3 300	延庆区政府	2002
昌平污水处理厂	3	2 141.8	3 500	昌平县政府	2002
合　计	94.5	66 021.4	166 000		

4．实现水污染物总量削减及水环境目标

完成上述治理工程后，将使水中的污染物大大减少。根据国家环保局的要求和《北京市海河流域水污染防治规划》，河流水系的污染物以 COD 为控制目标。北京市 1995 年污水产生总量为 12.92 亿 m^3/a，主要污染物 COD 产生总量为 32.18 万 t/a，而要满足全市河流水系的水质功能标准，COD 允许排放量为 5.7 万 t/a，应削减 26.48 万 t。到 2002 年将增加污水处理能力 122 万 t/d，使污水处理总量达 183 万 t/d，可削减 COD 14.45 万 t/a，加上工业污染源全部实现达标排放，可削减 COD 4.3 万 t/a，合计削减 COD 18.75 万 t/a，基本满足城近郊区大部分河流的水质功能要求。2010 年，最终全面实现水质目标，使城市污水管网普及率和城市污水处理率都达到 90%以上，削减 COD 26.48 万 t。届时，北京的水环境状况将得到根本改观。城近郊区河湖综合治理后实现的水质目标（见表 4-9）。

表 4-9　河湖水质功能现状及预测

	水体名称	水质现状	工程措施	1998 年水质预测	1999—2000 年水质预测	2002 年水质预测	2010 年水质目标
城市中心区河湖	京密引水渠昆玉段	Ⅱ类		Ⅱ类	Ⅱ类	Ⅱ类	Ⅱ类
	长河	Ⅲ～Ⅳ类	45.2 km 污水截流工程	Ⅲ类	Ⅲ类	Ⅲ类	Ⅲ类
	六海	Ⅲ～Ⅳ类		Ⅲ类	Ⅲ类	Ⅲ类	Ⅲ类
	永定河引水渠	Ⅲ类		Ⅱ类	Ⅱ类	Ⅱ类	Ⅱ类
	筒子河	Ⅴ类		Ⅴ类	Ⅳ类	Ⅳ类	Ⅳ类
	北护城河	Ⅴ类		Ⅳ类	Ⅳ类	Ⅳ类	Ⅳ类
	南护城河	＞Ⅴ类	污水截流、建设东庄泵站	＞Ⅴ类	Ⅳ类	Ⅳ类	Ⅳ类
	亮马河	＞Ⅴ类	7.6 km 污水截流工程，建设酒仙桥污水处理厂	＞Ⅴ类	Ⅳ类	Ⅳ类	Ⅳ类
	二道沟	＞Ⅴ类		＞Ⅴ类	Ⅳ类	Ⅳ类	Ⅳ类
	通惠河上　段	＞Ⅴ类	1.1 km 污水截流工程，建设高碑店污水处理厂（二期）	＞Ⅴ类	Ⅴ类	Ⅴ类	Ⅳ类
城近郊区河流	凉水河上　段	＞Ⅴ类	16.7 km 污水截流工程，建设郑王坟污水处理厂	＞Ⅴ类	＞Ⅴ类	Ⅴ类	Ⅳ类
	清　河上　段	＞Ⅴ类	15.3 km 污水截流工程，建设清河污水处理厂	＞Ⅴ类	＞Ⅴ类	Ⅴ类	Ⅳ类
	北土城沟	Ⅴ类	1.2 km 污水截流工程	Ⅴ类	Ⅴ类	Ⅳ类	Ⅳ类

5．政策

到 2002 年，将完成总计 20 多条、段河流的污水截流工程。全部工程总计建设 151.8 km 污水管网、10 座污水处理厂，总投资 43.75 亿元。其中城市中心区河系污水截流 3.32 亿元，市区污水处理厂建设 24.8 亿元（见表 4-10）。

污水治理工程投资大，建设周期较长，并且建成后其维修及运行管理投资也较大，如何落实资金是能否实现水质目标的关键。首先，建设资金要多渠道筹措，如高碑店、酒仙桥、郑王坟、清河以及一部分县级污水处理厂都利用了国外贷款。

表 4-10　工程投资汇总表

工程项目	数量	投资/亿元
河系污水截流工程	87.1 km	15.12
城区污水处理厂工程	5 座	24.80
远郊县污水处理厂工程	5 座	3.00
地下水源防护区污水干线	6.1 km	0.42
地下水源防护区污水支户线	64.7 km	0.41
总　计	151.8 km/10 座	43.75

市政设施运行管理费。北京市已出台了污水收费制度，即对城市居民每吨水收取 0.10 元、对企事业单位每吨水收 0.30 元污水处理费，基本满足了城市污水管网的维修及现有污水处理厂的运行费用。随着市政设施的增加，这项制度应进一步调整和完善。

饮用水水源的保护应建立专项保护基金，从供水费中提取，以保证各项保护措施的落实和上游地区人民生活水平的提高。

适当提高水价，提高居民、企事业单位的节水意识，使水资源产生更好的经济效益。

（四）实施情况

1．水环境质量

2002 年监测河流 74 条段、1 936 km，18 条河段符合相应功能水质要求，其长度占实测河流长度的 36.4%。在Ⅱ类、Ⅲ类、Ⅳ类、Ⅴ类水体中，超标河段长度分别占相应功能河段长度的 36.1%、40.1%、87.4%和 100%。五大水系中，潮白河系水质较好，达标河段长度为 73.1%，其他依次为蓟运河系 41.1%，永定河系 31.9%，大清河系 27.3%，北运河系 19.7%。河流主要污染指标是氨氮、高锰酸盐指数和生化需氧量，其次是挥发酚和石油类。

监测水库 17 座，其中 10 座水库水质达标，达标库容占实测总库容的 66.9%，主要地表饮用水水源密云水库、怀柔水库水质完全符合Ⅱ类水体水质标准，官厅水库水质有一定程度改善。监测湖泊 19 个，水质达标的 4 个，达标容量占实测总容量的 49.3%。水库、湖泊主要污染指标是生化需氧量和高锰酸盐指数，其次是氨氮。

地下水水质恶化趋势继续缓解。城近郊区地下水中优良、良好水质占监测总井数的 60%，城近郊区西北、北部、东北部地下水水质好于南部和东南部地区，远郊区县地下水水质明显好于城近郊区，深层承压水水质好于潜水水质。

2．保护饮用水水源

保护饮用水水源。完成密云水库、怀柔水库保护网建设，强化监督管理，严厉查处游船、游泳等违法行为，限期拆除水库周围违章建筑和无照餐饮点，采取种植水源涵养林、治理水土流失、生物防治、推广使用无磷洗衣粉、清理整顿水库周边非法采矿点等措施，在蓄水量下降、水体自净能力减弱的情况下，密云水库水质一直保持清洁，符合国家Ⅱ类水体水质标准。

保护地下水水源，完善城市污水管网，消灭渗井渗坑，关停了第八自来水厂水源防护区 80 余家砂石开采企业，地下水水质恶化趋势有所缓解，地下饮用水水源符合国家饮用水标准。

3．水环境综合整治

开展城市水系综合整治，完成南线水系河道治理和清河一期整治工程，北环水系和凉水河整治工程抓紧进行。加快污水处理厂建设，酒仙桥、清河和肖家河污水处理厂投入运行，吴家村、小红门污水处理厂及其配套管线工程建设全面展开。远郊区县污水处理厂建设取得明显进展，怀柔区、顺义区、大兴区和密云区、延庆区以及北京经济技术开发区污水处理厂投入运行。2002 年城市污水处理率达 45%，其中城近郊区城市污水处理率达到 47.5%。

全面开征水资源费，全年共节水 1.2 亿 m^3。建设水资源综合利用工程，全年污水处理厂再生回用水达 9 400 万 t，比 2001 年增加近两倍。

二、北京市水污染防治规划

（一）制定背景

1997 年，北京市的工农业生产发展和城市规模扩张速度加快，水的供需矛盾更加尖锐，加之工业、生活污水日益增加，污染日趋严重，潮白河不达标断面占30%，蓟运河、大清河不达标断面占50%，永定河不达标断面占75%，北运河不达标断面占90%以上。

北京市水环境方面主要存在以下问题：第一，水资源严重匮乏，根据1997年测算，北京市平水年水资源总量为45.7亿m^3，枯水年为32.7亿m^3，1995年全市生活、工业、农业、河湖用水总量为38亿m^3，供需对比，缺口较大；第二，集中饮用水水源地受到污染，重要地表水水源地官厅水库已经污染，影响了几十万人的饮水安全和工业用水，密云水库总氮含量持续增高，存在诱发富营养化的风险，地下水中硬度和硝酸盐含量超标面积逐年扩大；第三，工业污染问题突出，仍有工业废水未经处理直接排放，1995年全市工业废水排放达标率仅为66.1%；第四，生活污染日渐突出，城市近郊河道的清污比达到1∶1以上；第五，市政污水处理设施建设落后于城市发展速度，部分污水通过渗坑、渗井、阴沟渗入地下，造成地下水污染，城区仅有高碑店污水厂一期工程，处理水量48.5万m^3/d，占污水总量的20.3%，远郊区县也只有密云、怀柔两县各有一座1.5万m^3/d的污水处理厂；第六，上游河流受到外部污染影响，尤其官厅水库COD输入量为4.8万t，占上游各河流COD输入总量的85.7%。上述问题已经严重影响到北京市国民经济发展和人民生活，成为制约首都各项事业发展的重要因素。

为了执行中央的决定和保护北京的水环境，确保获得合格的饮用水水源；改善工农业用水水质，规划污水回用工程，缓解水资源短缺的矛盾；减少排入地面水和渤海湾的污染物质负荷量，以改善其水环境质量，达到有计划、有步骤、有目标地控制与治理污染，有效地保护水资源，满足国民经济持续发展和人民生活水平不断提高，北京市按照国家环保局环控（1997）093号《关于“九五”期间加强污染源控制工作的若干意见》的通知和《海河流域水污染防治规划编制大纲》的要求，依据《海河流域水污染防治规划编制大纲》规划分区及其水系规划实施单位分工，主要针对北三河水系（蓟运河水系、潮白河水系、北运河水系），兼顾其他水系，开展北京市海河流域水污染防治规划编制工作。1997年3月6日，经原常务副市长张百发批示，北京市成立了以市市政管委为组长，由市环保局、市水利局、市规划院、市市政工程局等单位参加的领导小组，负责领导水污染防治规划的编制。

（二）规划目标

规划的总体目标为：加大污染控制力度，增强污染源防治能力，强化水资源保护，不断提高饮用水质量，改善工农业用水水质，减少渤海湾受纳污染负荷，目标为国民经济和社会发展创造良好的水环境条件。

本次规划基准年为 1995 年，起草时已是 1997 年，考虑到工程措施的实施跨度，目标分为 2000 年和 2010 年两个时段。2000 年超标排放污染源全部达标排放，根据污水处理厂建设运行状况相应削减 COD 排放量；到 2010 年 COD 总排放量为 5.71 万 t。

具体规划目标见表 4-11。

表 4-11　北京市水环境规划目标

水体项目	执行标准	1995 年		2000 年		2010 年	
		国家要求	水质现状	国家要求	水质现状	国家要求	水质现状
密怀水库及其引水渠饮用水水源	国家地面水环境质量标准（GB 3838—88）	Ⅱ类	Ⅱ类	Ⅱ类	Ⅱ类	Ⅱ类	Ⅱ类
官厅水库、永定河山峡段及永引上段饮用水水源	同上	Ⅱ类	Ⅲ～Ⅳ类	Ⅱ类	Ⅱ～Ⅲ类	Ⅱ类	Ⅱ类
潮白河上段（水源八厂地下水源补给区）	同上	Ⅲ类	Ⅲ～Ⅴ类	Ⅲ类	Ⅲ类	Ⅲ类	Ⅲ类
市区上游及市区内观赏河道	同上	Ⅳ类	Ⅳ～Ⅴ类	Ⅳ类	Ⅳ类	Ⅳ类	Ⅳ类
昆明湖及“六海”	同上	Ⅲ类	Ⅳ～Ⅴ类	Ⅲ类	Ⅲ类	Ⅲ类	Ⅲ类
市区下游河湖	同上	Ⅳ～Ⅴ类	Ⅴ～Ⅴ类	Ⅳ类～过渡类*	Ⅳ类～过渡类*	Ⅳ～Ⅴ类	Ⅳ～Ⅴ类
地下水源防护、保护区（第三、第四水厂）	地下水质量标准（GB/T 14848—93）	部分地区市政污水排除管网不健全，有渗井、渗坑		力争全部消灭渗井、渗坑排放，完善市政污水管网		全部消灭渗井、渗坑排放，健全市政污水派出系统	

水体项目	执行标准	1995 年		2000 年		2010 年	
		国家要求	水质现状	国家要求	水质现状	国家要求	水质现状
城市生活污水处理率			20%（二级处理）		50%以上		90%
工业废水处理率			90%		100%达标		100%达标

注：过渡类*——国家环保局根据北方河流特点对Ⅳ类、Ⅴ类水体 COD 暂不能达标的，拟提出过渡阶段的指标，即 COD 分别为 60 mg/L、70 mg/L。

（三）主要任务

1．保护饮用水水源，让人民喝上干净的水

一是严格划定饮用水水源地保护区。依法划定饮用水水源地保护区，严格划定一级、二级保护区边界，并设置明确的界限标志。逐步开展村镇集中式饮用水水源地保护区划定工作，加强农村饮用水水源地的污染防治。

二是全面开展流域内城镇集中式饮用水水源地调查，定期发布饮用水水源地水质信息，接受公众监督。扩大监测范围，提高监测频率，城市集中式饮用水水源地每年至少进行一次水质全指标监测分析。

三是制定饮用水水源地水质达标实施方案。严格依法执行违法违规企业排污口关停、垃圾清运处理、水产与畜禽养殖控制等各项环境管理措施，坚决取缔水源保护区内的直接排污口，严防养殖业污染水源，防止有毒有害物质进入饮用水水源保护区，水源地上游支流入库水质达到功能要求。

四是制定饮用水水源污染应急预案。对威胁饮用水水源地安全的重点污染源要逐一建立应急预案，建立饮用水水源的污染来源预警、水质安全应急处理和水厂应急处理三位一体的饮用水水源应急保障体系。

2．加强工业企业深度治理，有效削减排污总量

一是实行强制淘汰制度，加大工业结构调整力度，促进流域工业企业污染深度治理。严格执行国家产业政策，不得新上、转移、生产和采用国家明令禁止的工艺和产品，严格控制限制类工业和产品，禁止转移

或引进重污染项目，鼓励发展低污染、无污染、节水和资源综合利用的项目。鼓励工业企业在稳定达标排放的基础上进行深度治理，鼓励企业集中建设污水深度处理设施。

二是推进清洁生产，大力发展循环经济。要按照循环经济理念调整经济发展模式和产业结构。鼓励企业实行清洁生产和工业用水循环利用，发展节水型工业。到 2010 年，化工、造纸行业所有企业依法实行强制清洁生产审核，对存在严重污染隐患的企业依法实行强制清洁生产审核。

三是严格环保准入。新建项目必须符合国家产业政策，执行环境影响评价和“三同时”制度。从严审批新建与扩建产生有毒有害污染物的建设项目。暂停审批超过污染物总量控制指标地区的新增污染物排放量的建设项目。切实加强“三同时”验收，做到增产不增污。

四是继续实施工业污染物总量控制。开展工业污染源普查，建立污染源台账。推行排污许可证制度，依法按流域总量控制要求发放排污许可证，把总量控制指标分解落实到污染源。

五是加强对重点工业污染源监管。重点工业污染源要安装自动监控装置，实行实时监控、动态管理。增加污染物排放监督性监测和现场执法检查频次，重点监测和检查有毒污染物排放和应急处置设施情况。要求企业对各类生产和消防安全事故制定环保处置预案、建设环保应急处置设施。

3. 加快污水处理设施建设，有效控制城镇污染

一是合理确定污水处理厂设计标准及处理工艺。污水处理厂建设要按照“集中和分散”相结合的原则优化布局，根据当地特点合理确定设计标准，选择处理工艺。所有的污水处理厂必须达到一级 B 排放标准（GB 18918—2002）。污水处理设施建设要与供水、用水、节水与再生水利用统筹考虑，污水再生利用率要达到污水处理量的 20%以上。

二是加强污水处理厂配套工程建设。污水处理系统建设的原则是“管网优先”，大力推行雨污分流，加强对现有雨污合流管网系统改造，提高城镇污水收集的能力和效率。高度重视污水处理厂的污泥处理处置，建设污泥集中综合处理处置工程。

三是节约用水，提高城市污水再生水利用率。采用分散与集中相结

合的方式，建设污水处理厂再生水处理站和加压泵站；在具备条件的机关、学校、住宅小区新建再生水回用系统，大力推广污水处理厂尾水生态处理，加快建设尾水再生利用系统，城镇景观、绿化、道路冲洒等优先利用再生水。

四是加强污水处理费征收。加大污水处理费的收缴力度，将收费标准提高到保本微利水平。结合本地区污水处理设施运行成本，制定最低收费标准，安排专项财政补贴资金确保设施正常运行。

五是加强城镇污水处理工程建设与运营监管。污水处理设施设计要合理选择工艺，严格控制规模与投资。污水处理设施建设要政府引导与市场运作相结合，推行特许经营，加快建设进度。“十一五”期间投产的污水处理厂当年实际处理量不得低于设计能力的60%，投产三年以上的污水处理厂污水处理量不得低于设计能力的 75%。城镇污水处理厂进、出水口应全部安装在线监控装置，并与环保、建设等部门联网，实现污水处理厂的动态监督与管理。

4. 采取综合措施，提高湖库污染治理水平

一是将密云水库作为污染控制和水质改善的重点，“十一五”期间，在污染物总量控制的基础上，实施面源污染控制，治理畜禽养殖污染，建设生态修复工程。

二是加快湖、库周边地区农产品种植结构调整力度，发展生态农业、有机农业，各级政府加强政策引导，给予必要的技术支持，推广测土配方施肥等科学技术，科学合理施用化肥农药。

三是全面治理畜禽养殖污染，严格控制畜禽养殖规模，鼓励养殖方式由散养向规模化养殖转化。湖库周围要划定畜禽禁养区，禁养区内不得新建畜禽养殖场，已建的畜禽养殖场要限期搬迁或关闭。规模化畜禽养殖场的管理方式要等同于工业污染源，加强污染物的综合利用，力争到 2010 年实现达标排放。

四是结合社会主义新农村建设，指导湖库周边乡镇编制农村环境综合整治规划，推进农村社区环境基础设施建设，改水、改厨、改厕，建立生活垃圾收集处理系统，减少农村污染对湖、库水质的影响。

五是在重点湖、库和重点河流入湖、库口建设生态湖滨带和前置库等生态修复工程，选择适宜的地区进行生态屏障建设。种植有利于净化

水体的植物，提高水体自净能力。对主要入湖、库河流，要逐条进行综合治理，逐步恢复生态功能。

（四）实施情况

1．水环境质量

“十一五”期间，全市水环境质量持续改善，基本完成“十一五”海河规划的相关任务。国家考核的3个出境断面均达到了考核要求。

2010年，共监测地表水五大水系有水河流83条段，长2 006.6 km，达标河段长度百分比为54.4%。其中：Ⅱ类、Ⅲ类水质河段占监测总长度的55.5%；Ⅳ类、Ⅴ类水质河段占监测总长度的1.3%；劣Ⅴ类水质河段占监测总长度的43.2%。主要污染指标为化学需氧量、生化需氧量和氨氮，污染类型属有机污染型。五大水系中，潮白河水系水质最好，达标河段长度百分比为94.8%；永定河水系、蓟运河水系达标长度百分比分别为73.8%、50.2%；大清河水系和北运河水系水质总体较差，达标长度百分比分别为21.6%和16.7%。国家考核本市境内的拒马河、泃河、北运河出境断面水质全部达到国家考核要求。

2010年，共监测有水湖泊22个，水面面积720万m^2，达标湖泊水面面积百分比为83.2%。其中：Ⅱ类、Ⅲ类水质湖泊共有13个，占监测湖泊水面面积的76.2%；Ⅳ类、Ⅴ类水质湖泊6个，占监测水面面积的17.5%；劣Ⅴ类水质湖泊3个，占监测水面面积的6.3%。主要污染指标为生化需氧量。团城湖、昆明湖水质为Ⅱ类，“六海”水质为Ⅲ类，符合相应水质要求，达到规划目标。

2010年，共监测有水水库16座，平均总蓄水量为13.0亿m^3，达标库容百分比为89.2%。其中：Ⅱ类、Ⅲ类水质水库15座，占监测总库容的89.5%；Ⅳ类水质水库1座，占监测总库容的10.5%。主要污染指标为高锰酸盐指数。密云水库和怀柔水库水质符合饮用水水源水质标准，达到规划目标。官厅水库水质仍为Ⅳ类，不符合规划水质要求。

北京地下水环境质量保持稳定。立体分层监测结果显示，深层水质较好，浅层水质较差；中北部地区水质较好，南部地区水质较差。

2．水污染治理

“十五”期间，北京市投资96亿元，建成了吴家村、卢沟桥、清河（二期）、北京经济技术开发区（二期）和顺义区等一批污水处理厂，新增污水集中处理能力 168.4 万 t/d，城市污水处理率由 2000 年的 40.6% 提高到 2005 年的 70%，可削减化学需氧量 12.29 万 t；氨氮 1.23 万 t，超额完成了国家“十五”计划确定的总量削减任务。

“十一五”期间，北京新建 40 余座污水处理厂，新增日处理污水能力 60 万 t。2010 年市区污水处理率达到 95%，郊区污水处理率达到 53%，全市工业废水排放达标率为 98.8%；再生水利用率达到 65%。全市化学需氧量排放量比 2005 年下降 20.67%。

开展大规模的河湖综合整治工程，相继完成了万泉河、小月河、清河、坝河、亮马河、土城沟、凉水河、转河、北护城河等河道治理，六环路内城市河湖基本完成治理；实施了中心城区水源置换和“六海”水质改善工程，完成龙潭湖、朝阳公园湖水循环工程；建成朝阳马泉营、通州运河等 6 处生态湿地，形成 220 万 m^2 水面。

初步建成了覆盖全市五大流域、地表饮用水水源地及跨界断面等重点敏感水域的自动监测系统，实现 200 多个污染源站点的自动监测终端联网。

第三节 危险废物处置设施建设规划

一、制定背景

据统计，2005 年全市年产危险废物 19.6 万 t，其中：工业 13.5 万 t、医疗废物 1.6 万 t、其他危险废物 4.5 万 t，然而全市危险废物无害化处置率仅达到 75.4%。

针对这种情况，北京市依据《中华人民共和国固体废物污染环境防治法》《中华人民共和国放射性污染防治法》、国家《医疗废物管理条例》《全国危险废物和医疗废物处置设施建设规划》和《北京“十五”时期环境保护规划》等法律法规及相关规划，按照“集中处置、合理布局”，“采用先进实用、成熟可靠技术”，“处置设施功能齐全，综合配套”等原则，于 2005 年制定发布了《北京市危险废物处置设施建设规划》，明确本市需新建 2 座医疗废物处置设施和 1 座危险废物处置设施，并完善北京水泥厂利用水泥窑焚烧危险废物项目，实现危险废物的安全、无害化处置。

二、规划目标

2005年，建成基本满足全市需要的医疗废物集中无害化处置设施。

2006年，建成危险废物集中处置设施和放射性废物贮存库，基本实现全市危险废物和放射性废物的安全收集、贮存和无害化处置。

三、规划任务

（一）危险废物的处理、处置技术及能力要求

危险废物处置技术优先推荐回转窑焚烧和热解工艺；铅酸蓄电池集中收集贮存，采用物化处理工艺将电池内的废酸液安全处置，铅板转移至国内大型铅冶炼企业进行资源化利用，北京市不建设铅冶炼设施；其他危险废物处置及综合利用工艺应达到国内领先水平。危险废物综合利用过程以及危险废物焚烧及物理化学处理过程产生的二次废渣和焚烧飞灰也属于危险废物，规划设施的处置能力不仅包括需直接处理的危险废物的数量，而且应包括处理过程中产生的二次残渣的数量。

危险废物产生量大于1万t/a的企业，依据其废物特性、产量，确定具体的处理处置工艺和规模，经市环境保护行政主管部门审查同意后，组织建设，并按危险废物处理处置设施的相关标准和规定运行。

（二）危险废物处理处置设施的建设规模和布局

在医疗废物处置设施建设方面，规划在市区东部和南部建设2座医疗废物集中处置设施，总日处置能力达到60 t，负责除密云、怀柔、延庆、平谷四个区县外的全市医疗废物无害化处置。密云、怀柔、延庆、平谷四区县可以各自建立医疗废物处置设施，处理能力以能够满足城镇以及周边地区的医疗废物处理处置要求为准。

规划全市设置2座危险废物集中处置设施，在市区南部新建北京市危险废物集中处置中心，保留并完善现有的红树林环保技术工程有限公司，现有其他危险废物处置设施应逐步撤并，在达到相关标准条件下，保留部分独立的危险废物综合利用设施。

危险废物产生量超过1万t/a的企业，应在现有设施的基础上，按相关法规、标准要求，对设施进一步完善，能力不足的，应提高处理处

置能力，实现危险废物的无害化处置。

（三）放射废物贮存设施建设规划

北京市产生的城市放射性废物应进入北京市城市放射性废物库进行暂存，长寿命、高放废物最终送往国家放射性废物处置场。中国原子能科学研究院和清华大学核能与新能源技术研究院核设施所产生的废物，要求其单独建库，单独贮存，进库的主要是低放射性水平的废物。

为妥善、有效地管理与处置北京市城市放射性固体废物，北京市应建设一座放射性废物库，设计有效容积应在 1 000 m^3 以上，废源库有效容积为 800 m^3，并留有扩建场地。废物库设计运行（使用）期为 30 年，安全贮存期为 100 年，设计应考虑废物、废源回取和转运可能。

四、实施情况

（一）医疗废物处置设施

2003 年，北京市一般医疗垃圾的日产生量为 41 t，只有 4 台简单的焚烧炉处理医疗废物，日处理总量仅为 10 t。大部分医院是自行处理医疗垃圾，无法达到严格的处理标准，造成大气污染。

2004 年 12 月，北京南宫医疗垃圾处置中心一期工程正式投产运行，2005 年第二期工程正式投产运行后，南宫医疗废物处置中心日处理医疗废物的能力达到 30 t。北京南宫医疗废物处置中心采用竖式间歇性进料连续热解气化炉，设计能力为日处理 30 t 医疗垃圾，平均日处理量在 20 t 左右。

2005 年年底，北京金州安洁医疗废物处置项目（高安屯医疗废物处置厂）建成，并于 2006 年 3 月正式投入使用。该项目有两条设计处理量为 20 t/d 的医疗废物焚烧处理线，能够集中处置北京市 50%以上的医疗废物。该厂采用国际通用的回转窑焚烧技术和先进的尾气处理设施，二噁英等污染物的排放达到了国际先进水平，医疗废物焚烧过程产生的烟气余热进入余热锅炉利用，体现了循环经济的设计理念。

2006 年，北京市顺利完成了医疗废物处置由临时性处理设施向规范化集中处置设施的过渡，昌平等远郊区县的医疗废物逐步得到无害化处置，关停的胸科医院和境洁医疗废物处理公司的场地和设备，按规定进行了消毒处理，消除了污染隐患。

南宫医疗废物处置中心是“非典”时期的应急处置设施，虽然经过技术改造后具备了尾气净化处理系统，但是在选址以及污染物排放等方面仍然与北京市现行标准存在着差距，2008 年北京奥运会之前停止运行。由于处置能力不足，导致部分医疗废物需跨省转移至天津处置，存在长途运输环境风险。

为实现北京市医疗废物自行处理，改变越境转移的现状，2010 年建成北京润泰环保科技有限公司，其规模为 45 t/d 的医疗废物回转窑焚烧设施，对北京市的医疗废物进行处理处置。有效解决了北京市医疗废物处置能力不足问题，为实现全市医疗废物全部安全妥善处置提供有力保障。

2010 年，全市医疗机构共产生医疗废物 1.88 万 t，除 7 986.64 t 跨省转移处置外，其余由高安屯医疗废物处置厂集中处置，基本实现了医疗废物无害化处置。

（二）工业及其他危险废物处置设施

1999 年北京金隅红树林环保技术工程有限公司利用水泥窑处置危险废物，通过不断探索利用水泥窑处理处置固体废物的技术和工艺，自主研发了一套利用水泥回转窑处理液态、固态和半固态废弃物的生产线，使危险废物处置能力达到 0.9 万 t/a，具有市环保局核发的“北京市危险废物经营许可证”，可以处置《国家危险废物名录》49 类中的 28 类危险废物。利用水泥窑处置危险废物不仅能利用废物的热能和粉状料代替燃料和原料，而且处理后的残余物被水泥固化，不产生二次污染，与普通焚化炉相比，具有建设投资省、运行费用低、经济效益较好等优点，是较为适合我国国情的危险废物无害化处理和资源化利用设施。据统计，2008 年，该公司共处置危险废物 34 445 t，已达到并超过规划处置能力。

北京市对除医疗危险废物外的其他危险废物的处置，采用社会化集中处置和企业自行处置相结合的管理机制。根据 2008 年的统计结果，由企业自行利用和处置的危险废物，占危险废物产生总量的 32.15%；委托利用和处置的量占总量的 67.85%。

2008 年 12 月，北京生态岛科技有限责任公司投产，项目建设主要包括收集与运输系统、分类贮存系统、焚烧系统、填埋系统、物化处理系统、综合利用系统、监测系统、分析化验及其他配套设施。配备综合利用、焚烧和安全填埋等工艺装置，按“三位一体”的模式进行设计和建设。年处理能力4.7万t，其中焚烧系统10 000 t/a；安全填埋系统12 000 t/a；物化处理 6 000 t/a；综合利用 19 000 t/a（包括废铅酸电池回收利用10 000 t/a，废矿物油回收利用4 000 t/a，废酸回收利用5 000 t/a）。

2010年，全市工业企业产生危险废物11.45万t，综合利用4.97万t，处置6.47万t，处置利用率达到99.99%。截至2010年年底，全市执行危险废物转移联单制度的工业企业有1 266家，2010年市内转移量7.03万t，跨省转移量为1.78万t，其余为产废企业内部自行利用或处置。产生危险废物重点单位均按要求制定了危险废物管理计划和应急预案。

（三）放射性废物处置设施

北京市在1965年建成了我国第一个城市放射性废物库——平谷城市放射性废物库。平谷城市放射性废物库自投入运行以来，收贮北京市工业、农业、医疗、卫生、科研教学以及军事科研等50多个单位的放射性废物。

为了有效地管理与处置北京市城市放射性固体废物，根据《全国危险废物和医疗废物处置设施建设规划》要求，北京市在“十一五”期间建设了一座新的放射性废物库，废物库有效容积为2 400 m^3，完成平谷放射性废物库退役工作和暂存天津市环保局的放射性废源（物）处置工作，实现规划要求的建设目标，实现对全市放射性废物（源）的安全收贮。

五、资金概算

（一）资金筹措方法

1．中央财政补贴

根据《全国危险废物和医疗废物处置设施建设规划》，国家将对全国综合性危险废物处置设施投资近70亿元，按照东中西部有所差别的原则安排国债资金予以补贴。北京市申请30%的国债资金，支持北京市规划危险废物的集中处置中心和放射性废物库的建设。

2．市政府资金支持

由于危险废物的处理处置和放射性废物的安全贮存是公益性的环境保护事业，其设施建设在得到国家资金支持的同时，北京市地方政府也应予以一定的资金支持。

3．社会资金

推行危险废物社会化、产业化、专业化运营，充分吸引社会资金参与危险废物集中处置中心和医疗废物处理厂的建设运营，尤其医疗废物处置设施因其废物来源可靠，设备能保证持续运行，通过制定合理的处置收费政策，处置企业可以获得长期稳定的盈利，因此，基本可以全部依靠社会投资进行建设。

（二）资金估算

全市规划各类危险废物集中处理处置设施及放射性废物库的建设资金约为 5.5 亿元（见表 4-12）。

表 4-12　危险废物集中处置设施建设资金概算表

设施名称	建设规模	投资资金/万元
危险废物集中处置中心	8.5 万 t/a	35 000
红树林环保公司	1.7 万 t/a	3 000
东部医疗废物处理厂	30 t/d	7 500
南部医疗废物处理厂	10 t/d	6 000
放射性废物库	1 800 m^3	3 170
总　　计		54 670

附录

中共中央、国务院关于《北京城市建设总体规划方案》的批复

（1983 年 7 月 14 日）

中共北京市委、北京市人民政府：

中共中央、国务院原则同意《北京城市建设总体规划方案》（以下简称《方案》）。这个《方案》是符合实际的，贯彻了中共中央书记处对首都建设方针的指示精神，望认真组织实施。现对有关问题批复如下：

一、北京是我们伟大社会主义祖国的首都，是全国的政治中心和文化中心。北京的城市建设和各项事业的发展，都必须服从和充分体现这一城市性质的要求。要为党中央、国务院领导全国工作和开展国际交往，为全市人民的工作和生活，创造日益良好的条件。要在社会主义物质文明和精神文明建设中，为全国城市作出榜样。

为了加强对首都规划建设的领导，中共中央、国务院决定成立首都规划建设委员会。委员会的主要任务是：负责审定实施北京城市建设总体规划的近期计划和年度计划，组织制定城市建设和管理的法规，协调解决各方面的关系。委员会由北京市人民政府、国家计委、城乡建设环境保护部、财政部、国务院办公厅、中央军委办公厅、解放军总后勤部、中直机关事务管理局、国家机关事务管理局等单位的负责人组成，北京市市长任主任。

二、采取强有力的行政、经济和立法措施，严格控制城市人口规模。这是保证《方案》实施和搞好首都建设的关键。北京市委和市人民政府要认真搞好计划生育工作，并会同中央党、政、军、群各有关部门，严格控制人口的机械增长，坚决把北京市到 2000 年的人口规模控制在 1 000 万人左右。

为了控制进京人口，首先要严格控制在北京新建和扩建企业、事业

单位。今后，全国性的专业公司、各种供应站等机构和不必要放在北京的科研单位、设计单位、高等院校和干部学校等，均不能在北京新建。少数确实需要在北京新建的，要报经首都规划建设委员会批准，安排到远郊区或卫星城镇。

要有计划地疏散市区人口。北京应大力向全国输送人才，支援各地建设。同时，应着重发展卫星城镇，逐步把市区的一部分企业和单位迁移到卫星城镇。抓紧制定一整套鼓励卫星城镇发展的方针政策，创造良好的工作、生活、居住、就业、就学条件，合理调整生活供应标准和工资福利待遇，使其具有充分的吸引力。近期要重点抓好黄村、昌平、通县和燕山等四个卫星城镇的建设。

三、北京城乡经济的繁荣和发展，要服从和服务于北京作为全国的政治中心和文化中心的要求。

工业建设的规模，要严加控制。工业发展主要应当依靠技术进步。要依托全国的工业技术改造，用20世纪70年代、80年代成熟的现代化技术，逐步改造和装备北京的工业，国务院各工交部门在制定行业改造规划时，要把北京作为重点，给予大力支持和帮助，今后北京不要再发展重工业，特别是不能再发展那些耗能多、用水多、运输量大、占地大、污染扰民的工业，而应着重发展高精尖的、技术密集型的工业。当前，尤其要迅速发展食品加工工业、电子工业和适合首都特点的其他轻工业，以满足人民生活和旅游事业的需要。

商业和服务业应在短期内有较大的发展。这是贯彻中央书记处对首都建设方针的指示和繁荣首都经济、解决就业问题的大事，必须认真抓好。要加强商业网点的建设，在扩大市区各商业中心容量的同时，尽快在近郊各新建区和卫星城镇建设起相当规模的商业中心，完善各居住区、工厂区的商业布局。要迅速发展各种服务业，统一规划，加强管理，有计划有组织地开展职业培训，提高服务质量，方便居民生活，创造出一流的社会服务水平。

农业的发展，应以面向首都市场、适应首都需要为基本方针。要促进农村多种经营和商品经济的迅速发展，努力把蔬菜、牛奶、禽蛋、肉食、水产、干鲜果品等生产搞上去，把郊区尽快建设成为首都服务的、稳定的副食品基地。

北京的经济发展，应当同天津、唐山两市，以及保定、廊坊、承德、张家口等地区的经济发展综合规划、紧密合作、协调进行。国家计委要负责抓好这件事。

四、北京是我国的首都，又是历史文化名城。北京的规划和建设，要反映出中华民族的历史文化、革命传统和社会主义国家首都的独特风貌。对珍贵的革命史迹、历史文物、古建筑和具有重要意义的古建筑遗址，要妥善保护。在其周围地区内，建筑物的体量、规模必须与之相协调。要逐步地、成片地改造北京旧城。近期要重点改造东、西长安街及其延长线和二环路两侧。通过改造，既要提高旧城区各项基础设施的现代化水平，又要继承和发扬北京的历史文化城市传统，并力求有所创新。

五、大力加强城市基础设施的建设，继续兴建住宅和文化、生活服务设施。

城市的各项基础设施是建设现代化城市的基本条件。要集中力量，加快建设。到 1990 年，要基本解决交通拥挤、电信联络不畅、供电供水紧张等问题。基本实现市区民用炊事煤气化，扩大集中供热，逐步发展家用电器。国务院有关部委要积极协助北京市落实好“六五”和“七五”期间城市基础设施骨干项目的建设计划，使北京城市各项基础设施的状况有一个明显的改善。

要继续抓好住宅建设。在严格控制城市人口的基础上，到 1990 年应基本解决无房户和居住严重困难户的住房问题。要充分注意住宅设计的多样化，克服千篇一律的状况。建筑标准既要适应目前的经济水平，又要给将来改善居住条件留有余地。

要大力加强各项生活服务设施和文化、教育、体育、卫生设施的配套建设，不断为首都人民创造良好的生活条件。

六、搞好郊县的村镇建设。为了适应农业现代化和农村经济的发展，必须重视并抓好郊县广大农村和集镇的建设。要按照节约用地、少占或不占耕地、统筹安排、配套建设的原则，认真组织编制村镇建设规划，逐步建设起一批农工商结合发展的、具有一定现代水平设施的农村集镇。使之成为周围农村的经济、文化中心，城乡经济交流的纽带，吸收和安排农业剩余劳动力的场所，以带动周围农村社会主义的物质文明和精神文明建设。

七、大力加强城市的环境建设。要认真搞好环境保护，抓紧治理工业“三废”和生活废弃物的污染，首先是解决好大气、水体的污染和噪声扰民的问题。对于污染严重、短期又难以治理的工厂企业，要坚决实行关停并转或迁移。要努力提高城市的建筑艺术水平，各种房屋建筑、道路、广场、园林、雕塑，都要精心规划和设计，体现民族文化的传统特色。要继续提高绿化和环境卫生水平，开发整治城市水系，加强风景游览区和自然保护区的建设和管理，从而把北京建设成为清洁、优美、生态健全的文明城市。

八、积极改革城市建设和管理体制，解决条块分割、分散建设、计划同规划脱节等问题。首先，北京城市规划范围内的土地要统一由城市规划部门进行管理，并对用地单位征收土地使用费。在京的任何单位都应在城市总体规划的指导下进行建设，不准各自为政。二是要搞好计划同规划的衔接，五年计划和年度建设计划一定要充分体现城市总体规划的要求，不能搞“两张皮”。三是要坚决地、有步骤地实行由北京市统一规划、统一开发、统一建设的体制。具体办法由北京市与国家计委、财政部、城乡建设环境保护部商定，报国务院批准后实施。四是要有计划、有组织地实行文化和生活服务设施的社会化，逐步由市政府统一管起来。

九、安排好城市建设资金。为了保证北京城市建设总体规划的顺利实施，北京市要筹集本市的财力，增加用于城市建设的资金；并调动各方面的积极性，大家动手，为建设首都作出贡献。同时，国家要在财力、物力上支持首都建设，并拨给一定数额的城市开发建设周转资金，由国家计委在中长期计划和年度建设计划中给予安排。

十、切实加强对首都规划建设的领导。城市建设总体规划具有法律性质，北京市委和市人民政府要认真抓好规划的实施，严格按照规划办事，把首都建设好、管理好。要抓紧制定城市规划、城市建设和管理的各项法规，建立法规体系，做到各项工作都有法可依。中央党、政、军、群及驻京各单位，都必须模范地执行北京城市建设总体规划和有关法规，与首都规划建设委员会加强协作，发动和依靠广大群众，为把首都建设成为社会主义高度文明的现代化城市而奋斗。

国务院关于北京城市总体规划的批复

（国函〔1993〕144号，1993年10月6日）

北京市人民政府：

你市《关于报送〈北京城市总体规划〉（草案）的请示》（京政文字〔1992〕83号）收悉。国务院同意修订后的《北京城市总体规划（1991—2010年）》（以下简称《总体规划》）。这个《总体规划》贯彻了1983年《中共中央、国务院关于对〈北京城市建设总体规划方案〉的批复》（〔1983〕29号）的基本思路，符合党的十四大精神和北京市的具体情况，对首都今后的建设和发展具有指导作用，望认真组织实施。现就有关问题批复如下：

一、北京是我们伟大社会主义祖国的首都，是全国的政治中心和文化中心。城市的规划、建设和发展，要保证党中央、国务院在新形势下领导全国工作和开展国际交往的需要；要不断改善居民工作和生活条件，促进经济、社会协调发展，成为全国文化教育和科学技术最发达、道德风尚和民主法制建设最好的城市。在城市总体规划的指导下，通过不懈的努力，将北京建成经济繁荣、社会安定和各项公共服务设施、基础设施及生态环境达到世界第一流水平的历史文化名城和现代化国际城市。

二、突出首都的特点，发挥首都的优势，积极调整产业结构和用地布局，促进高新技术和第三产业的发展，努力实现经济效益、社会效益和环境效益的统一。根据北京市水源、能源、用地和环境状况，国务院重申：北京不要再发展重工业，特别是不能再发展那些耗能多、用水多、占地多、运输量大、污染扰民的工业。市区内现有的此类企业不得就地扩建，要加速环境整治和用地调整。

国家计委要会同建设部组织有关部门和地区，对首都区域的发展进行研究，促进京、津、冀地区产业结构的调整和资源的合理配置，统筹安排区域城镇体系及区域性基础设施，实现优势互补、协调发展。

三、严格控制人口和用地发展规模。到 2010 年，北京市常住户籍人口控制在 1 250 万人左右（其中市区控制在 650 万人左右）。市区控制人口的重点是控制人口的迁移增长，北京市人民政府要制定控制市区人口增长的具体措施，报经国务院批准后，严格执行。

城市建设要合理用地、节约用地，到 2010 年规划市区城市建设用地控制在 610 km^2 以内。

四、同意《总体规划》确定的城市规划区为全部行政辖区的范围（16 800 km^2）。要进一步完善和优化城镇体系的布局，实行城乡统一的规划管理。

市区要坚持“分散集团式”的布局原则，防止城市中心地区与外围组团连成一片。要疏解市区，开拓外围，集中紧凑发展。城市建设的重点要从市区向远郊区转移，市区建设要从外延扩展向调整改造转移。要尽快形成市区与远郊城镇间的快速交通系统，加快远郊城镇的建设，积极开发山区，实现人口与产业的合理分布，推动城乡经济和社会协调发展。近期要抓好亦庄新城等重点卫星城镇的开发建设。

五、切实保护和改善首都地区的生态环境。要建设完善的城市绿化系统，严格保护并尽快实施规划市区组团间的绿化隔离地区，保证城市地区足够的绿色空间，形成合理的城市框架和发展格局。要继续抓紧治理大气、水体、噪声以及生产、生活废弃物的污染，严格控制在市区特别是水源上游、城市上风向发展有污染的工业，对市区内现有的污染扰民项目，要进行产业调整或逐步外迁。要坚决执行规划确定的布局结构、密度和高度控制等要求，不得突破。要充分开发利用城市地下空间，改善地面交通和建筑拥挤的状况。要进一步加强首都地区的水源保护和水土保持，特别是官厅、密云水库上游及其他重要地区环境的综合治理。

六、《总体规划》确定的保护古都风貌的原则、措施和内容是可行的，必须认真贯彻执行。北京是著名的古都，是国家历史文化名城，城市的规划、建设和发展，必须保护古都的历史文化传统和整体格局，体现民族传统、地方特色、时代精神的有机结合，努力提高规划和设计水平，塑造伟大祖国首都的美好形象。要在现有基础上继续明确划定历史文化保护区的范围，划定文物保护单位的保护范围和建设控制地带范围，制定保护管理办法。

七、加快城市基础设施现代化建设步伐。必须采取措施从根本上解决首都水源不足、能源紧缺、交通紧张等重大问题。由国家计委牵头，尽快会同有关部门和地区共同研究，具体落实有关南水北调、陕甘宁天然气进京、京津运河等重大工程的规划建设方案及实施步骤。要坚决采取节水、节能和调整产业结构等措施，以缓解水源、能源紧缺的矛盾。要加紧实施首都的交通发展战略，落实有关政策，大力发展地铁、轻轨交通及其他大运量公共交通，进一步完善快速道路系统，建设现代化的交通设施，尽快形成现代化的综合交通网络。要研究、预测小轿车的发展前景及对城市交通的影响，及早采取必要的对策。要进一步搞好首都国际机场的规划和建设，为充分发挥机场的潜力，北京市人民政府要协同有关主管部门尽快研究解决北京地区空中交通管制问题。要抓紧研究论证，尽快确定首都第二民用机场的选址。

北京是一个重点设防城市，必须逐步建立城市总体防灾体系，确保首都安全。

八、认真组织《总体规划》的实施。《总体规划》是建设和管理城市的依据，要抓紧编制详细规划和各项专业规划，进一步健全城市规划、建设和管理的各项法规。要按照建立社会主义市场经济体制的要求，充分发挥城市规划的龙头作用，强化对土地使用与开发建设的宏观调控。城市规划行政主管部门要加强统一管理，依法行政，严格执法，保障城市规划的实施。

首都规划建设委员会要进一步加强对首都规划建设的领导，发挥强有力的组织协调作用，使首都的各项建设按照城市规划有秩序地进行。中央党、政、军、群各部门和驻京各单位，要模范遵守城市规划和有关法规，尊重和支持首都规划建设委员会的工作，与北京市人民政府通力合作，把北京建设成为高度文明、高度现代化的城市。

国务院关于北京城市总体规划的批复

（国函〔2005〕2 号，2005 年 1 月 27 日）

北京市人民政府：

你市《关于报请审批北京城市总体规划的请示》（京政文〔2004〕85 号）收悉。现就有关问题批复如下：

一、国务院同意修编后的《北京城市总体规划（2004—2020 年）》（以下简称《总体规划》）。《总体规划》立足于首都的长远发展，以贯彻落实科学发展观、建立健全社会主义市场经济体系、建设社会主义和谐社会为指导思想，符合北京市的实际情况和发展要求，对于促进首都的全面、协调和可持续发展，具有重要意义。

二、北京市是中华人民共和国的首都，是全国的政治中心、文化中心，是世界著名的古都和现代国际城市。北京城市的发展建设，要按照经济、社会、人口、资源和环境相协调的可持续发展战略，体现为中央党、政、军领导机关的工作服务，为国家的国际交往服务，为科技和教育发展服务，为改善人民群众生活服务的要求。要在《总体规划》的指导下，强化首都职能，突出首都特色，不断增强城市的综合辐射带动能力，努力将北京建设成为经济繁荣、文化发达、社会和谐、生态良好的现代化国际城市。

三、同意《总体规划》确定的城市规划区范围为北京市全部行政区域，在城市规划区范围内实行城乡统一的规划管理。要根据市域内不同地区的条件，按照统筹城乡发展、调整产业结构、改善生态环境的要求，形成中心城—新城—镇的市域城镇体系，充分发挥中心城和新城的辐射带动作用，合理优化小城镇和中心村的发展布局。

中心城的建设，要以调整功能、改善环境为主，控制建设规模。加强通州等 11 个新城的规划，近期重点做好顺义、通州、亦庄新城的发展建设，使其成为相对独立，功能完善的城市组团，为有序引导中心城人口和功能的疏解与调整创造条件。

四、同意《总体规划》确定的2020年北京市实际居住人口控制在1 800万人左右（其中中心城控制在850万人左右）。同意《总体规划》确定的2020年北京市城镇建设用地规模控制在1 650 km^2以内（其中中心城用地规模控制在778 km^2以内）。由于环境、资源的制约，北京市应着力于提高人口素质，防止人口规模盲目扩大。要根据《总体规划》确定的空间发展布局，积极引导人口的合理分布。

五、促进经济和社会协调发展。北京市的产业发展，要突出首都的特点，充分发挥科技优势，加快发展现代服务业、高新技术产业。要调整现有产业结构，适度发展现代制造业，积极促进农业产业化经营。同时，要大力发展科技、教育、文化、卫生、体育等社会事业，促进首都经济社会协调发展。

六、建设节约型社会，实现可持续发展。要切实解决好保障城市持续发展的土地、水资源、能源、环境等问题，坚持节约优先，积极推进资源的节约与合理利用，严格控制城镇建设用地规模，把北京建成节约型城市，保障北京市可持续发展。

北京市是水资源匮乏城市，必须坚持节流、开源、保护并重的原则，把保证城市供水安全放在首位。要按照资源循环利用的要求，采取法律和经济手段，优化产业结构，合理配置资源，提高用水效率，加快再生水利用设施建设，并促使全社会形成良好的节水意识和行为。要坚持集中紧凑的发展模式，节约用地、集约用地、合理用地，切实保护好基本农田，积极推动存量建设用地的再开发，充分重视城市地下空间的开发利用。要通过产业结构和交通结构的调整，依靠科技进步，强化工业、交通节能，积极推进建筑节能。要充分利用优质高效的清洁能源，积极开发新能源和可再生能源。对现有耗能多、用水多、占地多、对环境影响大的工业项目，要逐步进行调整。

七、处理好区域协调发展的关系。北京市的城市发展必须坚持区域统筹的原则，积极推进京、津、冀以及环渤海地区经济合作与协调发展。要加强区域性基础设施的建设，逐步形成完善的区域城镇体系，促进产业结构的合理调整和资源的合理配置。

八、坚持以人为本，建设宜居城市。要采取有效措施，进一步改善居住环境，满足人民群众物质、文化、精神和身体健康的需要，切实提高人民群众的居住和生活质量。要解决好人居环境和交通、上学、就医等关系人民群众切身利益的问题，构建和谐社会，把北京市建设成为我国宜居城市的典范。

九、加强污染防治和环境保护工作。必须采取严格的措施，保证《总体规划》确定的污染物排放总量削减率如期实现，争取到 2010 年城市环境质量能够基本达到国家标准，到 2020 年城市空气、水和声环境质量全面符合国家标准。

要加强北部山区防护林、城市绿化隔离地区、风沙治理区等重点绿化工程的建设，加强对风景名胜区、自然保护区、森林公园及湿地保护区的保护，强化对饮用水水源保护区的保护工作。

十、加快基础设施和防灾减灾体系建设。要按照适度超前，优先发展的原则，建设高效、安全的现代化市政基础设施体系。要采取切实措施，建设以公共交通为主导的高标准、现代化的综合交通体系。注意与有关部门的规划保持协调，保证铁路枢纽和公路系统的建设。要加强与有关部门和地区的协调，尽快确定首都第二机场的选址。

北京市是国家重点设防城市，要加快建立完善的综合防灾减灾体系，提高城市整体防灾抗毁和救援能力，并切实加强对军事设施和要害机关的保护工作。

十一、做好北京历史文化名城保护工作。要充分认识做好北京历史文化名城保护工作的重大意义，正确处理保护与发展的关系。政府应当在历史文化名城保护工作中发挥主导作用。加强旧城整体保护、历史文化街区保护、文物保护单位和优秀近现代建筑的保护。积极探索适合保护要求的市政基础设施和危旧房改造的模式，改善中心城危旧房地区的市政基础设施条件，稳步推进现有危旧房屋的改造。

十二、《总体规划》是北京市城市发展、建设和管理的基本依据，城市规划区内的一切建设活动都必须符合《总体规划》的要求。要结合国民经济“十一五”发展规划，切实做好近期建设规划工作，明确近期实施《总体规划》的发展重点和建设时序。要特别注意与奥运工程有关的环境、场馆、道路、市政基础设施等建设安排的衔接，确保 2008 年夏季奥运会成功举办，并为奥运会后北京经济社会发展奠定基础。要抓紧深化有关专业规划，编制详细规划，进一步建立和健全城市规划、建设和管理的各项法规，加强公众和社会监督，提高全社会遵守城市规划的意识。

北京市人民政府要根据本批复精神，认真组织实施《总体规划》，任何单位和个人不得随意改变。建设部和有关部门要加强对《总体规划》实施的指导、监督和检查工作。驻北京市的党、政、军单位都要遵守有关法规及《总体规划》，支持北京市人民政府的工作，共同努力，把首都规划好、建设好、管理好。

中共中央　国务院关于对《北京城市总体规划（2016—2035年）》的批复

（2017年9月13日）

中共北京市委、北京市人民政府：

你们《关于报请审批〈北京城市总体规划（2016—2035年）〉的请示》收悉。现批复如下：

一、同意《北京城市总体规划（2016—2035年）》（以下简称《总体规划》）。《总体规划》深入贯彻习近平总书记系列重要讲话精神和治国理政新理念新思想新战略，紧紧围绕统筹推进“五位一体”总体布局和协调推进“四个全面”战略布局，牢固树立新发展理念，紧密对接“两个一百年”奋斗目标，立足京津冀协同发展，坚持以人民为中心，坚持可持续发展，坚持一切从实际出发，注重长远发展，注重减量集约，注重生态保护，注重多规合一，符合北京市实际情况和发展要求，对于促进首都全面协调可持续发展具有重要意义。《总体规划》的理念、重点、方法都有新突破，对全国其他大城市有示范作用。

二、北京是中华人民共和国的首都，是全国政治中心、文化中心、国际交往中心、科技创新中心。北京城市的规划发展建设，要深刻把握好“都”与“城”、“舍”与“得”、疏解与提升、“一核”与“两翼”的关系，履行为中央党政军领导机关工作服务，为国家国际交往服务，为科技和教育发展服务，为改善人民群众生活服务的基本职责。要在《总体规划》的指导下，明确首都发展要义，坚持首善标准，着力优化提升首都功能，有序疏解非首都功能，做到服务保障能力与城市战略定位相适应，人口资源环境与城市战略定位相协调，城市布局与城市战略定位相一致，建设伟大社会主义祖国的首都、迈向中华民族伟大复兴的大国首都、国际一流的和谐宜居之都。

三、加强“四个中心”功能建设。坚持把政治中心安全保障放在突出位置，严格中心城区建筑高度管控，治理安全隐患，确保中央政务环境安全优良。抓实抓好文化中心建设，做好首都文化这篇大文章，精心保护好历史文化金名片，构建现代公共文化服务体系，推进首都精神文明建设，提升文化软实力和国际影响力。前瞻性谋划好国际交往中心建设，适应重大国事活动常态化，健全重大国事活动服务保障长效机制，加强国际交往重要设施和能力建设。大力加强科技创新中心建设，深入实施创新驱动发展战略，更加注重依靠科技、金融、文化创意等服务业及集成电路、新能源等高技术产业和新兴产业支撑引领经济发展，聚焦中关村科学城、怀柔科学城、未来科学城、创新型产业集群和“中国制造 2025”创新引领示范区建设，发挥中关村国家自主创新示范区作用，构筑北京发展新高地。

四、优化城市功能和空间布局。坚定不移疏解非首都功能，为提升首都功能、提升发展水平腾出空间。突出把握首都发展、减量集约、创新驱动、改善民生的要求，根据市域内不同地区功能定位和资源环境条件，形成“一核一主一副、两轴多点一区”的城市空间布局，促进主副结合发展、内外联动发展、南北均衡发展、山区和平原地区互补发展。要坚持疏解整治促提升，坚决拆除违法建设，加强对疏解腾退空间利用的引导，注重腾笼换鸟、留白增绿。要加强城乡统筹，在市域范围内实行城乡统一规划管理，构建和谐共生的城乡关系，全面推进城乡一体化发展。

五、严格控制城市规模。以资源环境承载能力为硬约束，切实减重、减负、减量发展，实施人口规模、建设规模双控，倒逼发展方式转变、产业结构转型升级、城市功能优化调整。到 2020 年，常住人口规模控制在 2 300 万人以内，2020 年以后长期稳定在这一水平；城乡建设用地规模减少到 2 860 km^2 左右，2035 年减少到 2 760 km^2 左右。要严守人口总量上限、生态控制线、城市开发边界三条红线，划定并严守永久基本农田和生态保护红线，切实保护好生态涵养区。加强首都水资源保障，落实最严格水资源管理制度，强化节水和水资源保护，确保首都水安全。

六、科学配置资源要素，统筹生产、生活、生态空间。压缩生产空间规模，提高产业用地利用效率，适度提高居住用地及其配套用地比重，形成城乡职住用地合理比例，促进职住均衡发展。推进教育、文化、体育、医疗、养老等公共服务均衡布局，提高生活性服务业品质，实现城乡“一刻钟社区服务圈”全覆盖。优先保护好生态环境，大幅提高生态规模与质量，加强浅山区生态修复与违法违规占地建房治理，提高平原地区森林覆盖率。推进城市修补和生态修复，实现生产空间集约高效、生活空间宜居适度、生态空间山清水秀。

七、做好历史文化名城保护和城市特色风貌塑造。构建涵盖老城、中心城区、市域和京津冀的历史文化名城保护体系。加强老城和“三山五园”整体保护，老城不能再拆，通过腾退、恢复性修建，做到应保尽保。推进大运河文化带、长城文化带、西山永定河文化带建设。加强对世界遗产、历史文化街区、文物保护单位、历史建筑和工业遗产、中国历史文化名镇名村和传统村落、非物质文化遗产等的保护，凸显北京历史文化整体价值，塑造首都风范、古都风韵、时代风貌的城市特色。重视城市复兴，加强城市设计和风貌管控，建设高品质、人性化的公共空间，保持城市建筑风格的基调与多元化，打造首都建设的精品力作。

八、着力治理“大城市病”，增强人民群众获得感。坚持公共交通优先战略，提升城市公共交通供给能力和服务水平，加强交通需求管理，鼓励绿色出行，标本兼治缓解交通拥堵，促进交通与城市协调发展。加强需求端管控，加大住宅供地力度，完善购租并举的住房体系，建立促进房地产市场平稳健康发展的长效机制，努力实现人民群众住有所居。严格控制污染物排放总量，着力攻坚大气、水、土壤污染防治，全面改善环境质量。加快海绵城市建设，构建国际一流、城乡一体的市政基础设施体系。

九、高水平规划建设北京城市副中心。坚持世界眼光、国际标准、中国特色、高点定位，以创造历史、追求艺术的精神，以最先进的理念、最高的标准、最好的质量推进城市副中心规划建设，着力打造国际一流的和谐宜居之都示范区、新型城镇化示范区和京津冀区域协同发展示范区。突出水城共融、蓝绿交织、文化传承的城市特色，构建“一带、一轴、多组团”的城市空间结构。有序推进城市副中心规划建设，带动中心城区功能和人口疏解。

十、深入推进京津冀协同发展。发挥北京的辐射带动作用，打造以首都为核心的世界级城市群。全方位对接支持河北雄安新区规划建设，建立便捷高效的交通联系，支持中关村科技创新资源有序转移、共享聚集，推动部分优质公共服务资源合作。与河北共同筹办好 2022 年北京冬奥会和冬残奥会，促进区域整体发展水平提升。聚焦重点领域，优化区域交通体系，推进交通互联互通，疏解过境交通；建设好北京新机场，打造区域世界级机场群；深化联防联控机制，加大区域环境治理力度；加强产业协作和转移，构建区域协同创新共同体。加强与天津、河北交界地区统一规划、统一政策、统一管控，严控人口规模和城镇开发强度，防止城镇贴边连片发展。

十一、加强首都安全保障。切实加强对军事设施和要害机关的保护工作，推动军民融合发展。加强人防设施规划建设，与城市基础设施相结合，实现军民兼用。高度重视城市公共安全，建立健全包括消防、防洪、防涝、防震等超大城市综合防灾体系，加强城市安全风险防控，增强抵御自然灾害、处置突发事件、危机管理能力，提高城市韧性，让人民群众生活得更安全、更放心。

十二、健全城市管理体制。创新城市治理方式，加强精细化管理，在精治、共治、法治上下功夫。既管好主干道、大街区，又治理好每个社区、每条小街小巷小胡同。动员社会力量参与城市治理，注重运用法规、制度、标准管理城市。创新体制机制，推动城市管理向城市治理转变，构建权责明晰、服务为先、管理优化、执法规范、安全有序的城市管理体制，推进城市治理体系和治理能力现代化。

十三、坚决维护规划的严肃性和权威性。《总体规划》是北京市城市发展、建设、管理的基本依据，必须严格执行，任何部门和个人不得随意修改、违规变更。北京市委、市政府要坚持“一张蓝图干到底”，以钉钉子精神抓好规划的组织实施，明确建设重点和时序，抓紧深化编制有关专项规划、功能区规划、控制性详细规划，分解落实规划目标、指标和任务要求，切实发挥规划的战略引领和刚性管控作用。健全城乡规划、建设、管理法规，建立城市体检评估机制，完善规划公开制度，加强规划实施的监督考核问责。要调动各方面参与和监督规划实施的积极性、主动性和创造性。驻北京市的党政军单位要带头遵守《总体规划》，支持北京市工作，共同努力把首都规划好、建设好、管理好。首都规划建设委员会要发挥组织协调作用，加强对《总体规划》实施工作的监督检查。

《总体规划》执行中遇有重大事项，要及时向党中央、国务院请示报告。

国务院关于北京市环境污染防治目标和对策的批复

（国函〔1999〕134号，1999年10月31日）

北京市人民政府、国家环境保护总局：

你们报送的《关于修改北京市环境污染防治目标和对策及有关问题的请示》（京政文〔1999〕56号）收悉。现批复如下：

一、原则同意修改后的《北京市环境污染防治目标和对策（1998—2002年）》（以下简称《目标和对策》）。

二、同意北京市制定的环境污染防治目标，1999年，环境质量要有所改善；2000年，环境质量明显改善，非采暖期的空气质量、城市中心区地面水环境质量基本达标；2002年，大气和水环境质量按功能区划基本达到国家标准。

三、北京市环境污染防治所需资金主要由北京市筹集，中央财政给予适当支持。北京市要积极筹集和落实资金，以确保环境污染防治目标的实现。中央补助资金由北京市商国家计委、财政部等部门具体落实。

四、同意北京市按照有关规定提高二氧化硫排污费标准；同意逐年提高污水处理费收费标准，逐步使其达到排污管网和污水集中处理设施的运行维护成本；同意开征垃圾处理费，逐年提高收费标准，逐步使其达到处理成本。

五、北京市要认真组织实施《目标和对策》，坚持可持续发展战略，加大产业结构调整力度，发展高新技术产业；要加大环境执法力度，严格监督管理，确保各项政策措施的落实。

六、北京市及周边地区都要加强生态环境建设，开展植树造林、防风固沙、保护水源、小流域治理等，共同建设北京生态圈，形成保护首都环境的生态屏障。

北京是我们伟大社会主义祖国的首都，是全国的政治中心和文化中心，是国内外交往的窗口，也是全国环境污染治理的重点地区。做好北京市的环境保护工作，改善首都的环境质量，不仅关系国家的声誉和民族的形象，也关系广大群众的身体健康和生活质量。北京市要广泛动员广大市民和社会各界参与环境整治，扎扎实实地开展工作。国家环境保护总局要加强组织协调和监督检查。中央驻京各单位，必须全力支持北京市的环境整治和生态环境建设工作，严格遵守北京市为控制环境污染所制定的各项规定，共同努力，为把北京市建设成为清洁、优美、现代化的文明城市作出贡献。

后 记

本书《北京环境规划》是《北京环境保护丛书》环境规划分册，记述了40多年来北京市自然环境和经济社会概况、北京城市总体规划及经济社会发展规划中的环境保护内容、北京市环境保护综合性规划、环境保护专项规划等4个方面的内容。

本书采用史料性记叙文体，采取横分门类、纵写史实、详近略远的编写方法。资料主要来源于北京市环保局工作中形成的各种档案资料，包括文件、规划文本和前期研究报告、规划评估报告、大事记、工作总结、座谈会口述、《中国环境年鉴》、《北京年鉴》等。1990年前的资料主要源自《北京志·市政卷·环境保护志》，考虑到全书的章节结构和整体协调性，有关撰稿人对这部分材料进行了补充、删减、修改和加工。本书大部分资料截至2015年年底，也有个别章节材料截止时间早于或晚于2015年年底，请读者注意鉴别。

本书主编负责全书策划、章节结构设计和全书审定；各副主编负责本单位稿件的修改和审核；特约副主编负责最后阶段的章节结构优化和统稿；执行编辑负责协助主编工作。全书撰稿人员如下：

第一章《北京市情与环境保护规划》第一节、第二节：周玉，顾家橙增加了2013年以后数据资料；第三节：顾家橙。

第二章《城市规划与环境保护》：杨永强、高成杰、杨俊杰。

第三章《环境保护综合性规划》第一节：孙成春、马明睿，顾家橙补充“十三五”环境保护规划；第二节：刘桂中、其其格、刘桐珅；第三节：杨永强、高成杰、杨俊杰、常立春；韩玉花对本章节进行修改。

第四章《环境保护专项规划》第一节：刘桐珅；第二节：顾家橙、刘桂中、王永刚；第三节：其其格。

本书在编写过程中得到北京市环保局多位退休干部的热情支持和大力协助，江明、王鸿岑、杨泳辰等参与了本书前期资料收集和整理工作。在此一并表示感谢。

《北京环境规划》主编　姚　辉

2018年1月